中国气象局成都高原气象研究所基本科研业务费专项资助
项目名称：西南低涡年鉴的研编
项目编号：BROP202105

2020 西南低涡年鉴

中国气象局成都高原气象研究所
中国气象学会高原气象学委员会 编著

李跃清 闵文彬 彭骏 徐会明 肖递祥 向朔育 张虹娇

科学出版社

北京

内 容 简 介

西南低涡是影响我国灾害性天气的重要天气系统。本年鉴根据对2020年西南低涡的系统分析，得出该年西南低涡的编号、名称、日期对照表、概况、影响简表、影响地区分布表、中心位置资料表及活动路径图，计算得出该年影响降水的各次西南低涡过程的总降水量图、总降水日数图。

本年鉴可供气象、水文、水利、农业、林业、环保、航空、军事、地质、国土、民政、高原山地等方面的科技人员参考，也可作为相关专业教师、研究生、本科生的基本资料。

审图号：GS（2022）1773号

图书在版编目(CIP)数据

西南低涡年鉴. 2020 / 中国气象局成都高原气象研究所，中国气象学会高原气象学委员会编著. —北京：科学出版社，2022.4
ISBN 978-7-03-072072-6

Ⅰ. ①西… Ⅱ. ①中… ②中… Ⅲ. ①低涡–天气图–西南地区–2020–年鉴 Ⅳ. ①P447-54

中国版本图书馆CIP数据核字(2022)第059339号

责任编辑：罗 吉 沈 旭 洪 弘 / 责任校对：杨聪敏
责任印制：师艳茹 / 封面设计：许 瑞

科学出版社 出版

北京东黄城根北街16号
邮政编码：100717
http://www.sciencep.com

北京盛通印刷股份有限公司 印刷
科学出版社发行 各地新华书店经销

*

2022年4月第 一 版　开本：A4（880×1230）
2022年4月第一次印刷　印张：14 1/2
字数：344 000

定价：598.00元

（如有印装质量问题，我社负责调换）

前 言

西南低涡（简称西南涡）是在青藏高原特殊地形影响下，我国西南地区生成的特有的天气系统。其发生、发展和移动常常伴随暴雨、洪涝等气象灾害，并且，我国夏季多发泥石流、滑坡等地质灾害，在很大程度上也与西南低涡的发展、东移密切相关。西南低涡不仅影响我国西南地区，而且东移影响我国青藏高原以东广大地区，是我国主要的灾害性天气系统，它造成的暴雨强度、频次、范围仅次于台风及残余低压。

中华人民共和国成立以来，随着观测站网的建立，卫星资料的应用，以及我国第一、第二和第三次青藏高原大气科学试验的开展，尤其是中国气象局成都高原气象研究所近些年实施的西南低涡加密观测科学试验，关于西南低涡的科研工作也取得了一些新的成果，使我国西南低涡的科学研究、业务预报水平不断提升，在气象服务中做出了显著的贡献。

为了进一步适应经济社会发展、人民生活生产的需要，满足广大气象、农业、水利、国防、经济等部门科研、业务和教学的要求，更好地掌握西南低涡的演变规律，系统地认识西南低涡发生、发展的基本特征，提高科学研究水平和预报技术能力，做好气象灾害的防御工作，中国气象局成都高原气象研究所负责，四川省气象台等单位参加，组织人员，开展了西南低涡年鉴的研编工作。

经过项目组的共同努力，以及有关省、自治区、直辖市气象局的大力协助，西南低涡年鉴顺利完成。它的整编出版，将为我国西南低涡研究和应用提供基础性保障，推动我国灾害性天气研究与业务的深入发展，发挥对国家防灾减灾、环境保护、公共安全的气象支撑作用。

本年鉴由中国气象局成都高原气象研究所李跃清、闵文彬、彭骏、向朔育，四川省气象台肖递祥，成都市气象台徐会明，四川省气象服务中心张虹娇完成。

本册《西南低涡年鉴2020》的内容主要包括西南低涡概况、路径以及西南低涡引起的降水等资料图表。

Foreword

As a unique weather system, the Southwest China Vortex (SCV) is originated in Southwest China due to the terrain effect of Tibetan Plateau. Rain storms, floods and other meteorological disasters are usually caused by the generation, development and movement of SCV, frequently resulting in the natural disasters such as mud-rock flow and landslide in summer. The moving SCV could bring strong rainfall over the vast areas east of Tibetan Plateau stretching from Southwest China to Central-Eastern China. As a severe weather system, the SCV is known just to be inferior to the typhoon and its residual low in respect of intensity, periods and areas of rainfall in China.

After the foundation of P. R. China, the enormous advances of scientific research and operational prediction on the SCV have been made along with the establishment of meteorological monitoring network and the application of satellite data. The achievements from the First, the Second and the Third Tibetan Plateau Experiment of Atmospheric Sciences, especially the intensive observation scientific experiment of SCV organized by Institute of Plateau Meteorology, China Meteorological Administration, Chengdu (IPM) during recent years, have already benefited the scientific research of SCV, its operational weather prediction and the meteorological service in disaster prevention and the public safety.

To further adapt to the economic social development with the people life and production requirements and to meet the demands of research, teaching and professional work in meteorological agricultural, hydrological, military, and economic sectors, the characterizations of SCV generation and evolution should be better and comprehensively understood, improving the scientific level and forecast capacity of SCV for more efficient disaster prevention. Therefore, IPM organized to compile the SCV Yearbook with the participation of Sichuan Provincial Meteorological Observatory (SPMO) and the other groups.

With the joint efforts of all research groups and the great support from related meteorological bureaus of provinces, autonomous regions and cities, this SCV Yearbook has been completed successfully. It provides the basis summary for the SCV research and the application, promoting our scientific research and operational forecast of hazardous weather. And it could be useful to the natural disaster prevention, environment protection and public safety service in China.

The SCV Yearbook has been accomplished by Li Yueqing, Min Wenbin, Peng Jun and Xiang Shuoyu of IPM, Xiao Dixiang of SPMO, Xu Huiming of Chengdu Municipal Meteorological Observatory and Zhang Hongjiao of Sichuan Meteorological Service Center.

The *SCV Yearbook 2020* is mainly composed of figures, tables and data of SCV-survey, -tracks and -rainfall.

说 明

本年鉴主要整编西南低涡生成的位置、路径及西南低涡引起的降水量、降水日数等基本资料。

西南低涡是指700hPa等压面上反映的生成于青藏高原背风坡(99°~109°E、26°~33°N)，连续出现两次或者只出现一次但伴有云涡、有闭合等高线的低压或有三个站风向呈气旋式环流的低涡。

冬半年指1~4月和11~12月，夏半年指5~10月。

本年鉴所用时间一律为北京时间。

● 西南低涡概况

西南低涡根据低涡生成区域可以分为九龙低涡、四川盆地低涡(简称盆地涡)、小金低涡。

九龙低涡是指生成于99°E以东至<104°E、26°N以北至≤30.5°N范围内的低涡。

小金低涡是指生成于99°E以东至<104°E、30.5°N以北至≤33°N范围内的低涡。

四川盆地低涡是指生成于104°E以东至109°E、26°N以北至33°N范围内的低涡。

西南低涡移出是指九龙低涡、四川盆地低涡、小金低涡移出其生成的区域。

西南低涡编号是以"D"字母开头，按年份的后二位数与当年低涡顺序三位数组成。

西南低涡移出几率是指某月西南低涡移出个数与该年西南低涡个数的百分比。

西南低涡月移出率是指某月西南低涡移出个数与该年西南低涡移出个数的百分比。

西南低涡当月移出率是指某月西南低涡移出个数与该月西南低涡个数的百分比。

九龙低涡或四川盆地低涡或小金低涡移出几率是指某月移出其生成区域的低涡个数与该年其生成区域低涡个数的百分比。

九龙低涡或四川盆地低涡或小金低涡月移出率是指某月移出其生成区域的低涡个数与该年移出其生成区域低涡个数的百分比。

九龙低涡或四川盆地低涡或小金低涡当月移出率是指某月移出其生成区域的低涡个数与该月其生成区域低涡个数的百分比。

西南低涡中心位势高度最小值频率分布指按各时次西南低涡700hPa等压面上位势高度（单位：位势什米）最小值统计的频率分布。

说 明

● **西南低涡中心位置资料表**

"中心强度"指在700hPa等压面上低涡中心位势高度，单位：位势什米。

● **西南低涡纪要表**

1."发现点"指不同涡源的西南低涡活动路径的起始点，由于资料所限，此点不一定是真正的源地。

2.西南低涡活动的发现点、移出涡源的地点，一般准确到县、市。

3."转向"指路径总的趋向由向某一个方向移动转为向另一个方向移动。

4."移出涡源区"指西南低涡移出其发现点所属的低涡(九龙低涡或四川盆地低涡或小金低涡)生成的范围。

● **西南低涡降水及移动路径**

1.降水量统计使用的是12小时雨量资料。

2.西南低涡和其他天气系统共同造成的降水，仍列入整编。

3."总降水量及移动路径图"指一次西南低涡活动过程的移动路径和在我国引起的总降水量分布图。总降水量一般按0.1mm、10mm、25mm、50mm、100mm等级，以色标示出，绘出降水区外廓线，标注出中心最大的总降水量数值。

4."总降水日数图"指一次西南低涡活动过程在我国引起的总降水量≥0.1mm的降水日数区域分布图。

目录 Contents

前言
Foreword
说明

2020年西南低涡概况（表1~表18）　　　1~7
2020年西南低涡纪要表　　　8~15
2020年西南低涡对我国降水影响简表　　　16~25
2020年西南低涡编号、名称、日期
　　　对照表　　　26~29

西南低涡降水及移动路径资料　　　31
西南低涡全年路径图　　　32
九龙低涡全年路径图　　　33
小金低涡全年路径图　　　34
四川盆地低涡全年路径图　　　35

① D20001　1月2~3日
　　总降水量及移动路径图　　　36
　　总降水日数图　　　37
② D20002　1月8~9日
　　总降水量及移动路径图　　　38
　　总降水日数图　　　39
③ D20003　1月9~10日
　　总降水量及移动路径图　　　40
　　总降水日数图　　　41
④ D20004　1月11日
　　总降水量及移动路径图　　　42
　　总降水日数图　　　43
⑤ D20005　1月17~18日
　　总降水量及移动路径图　　　44
　　总降水日数图　　　45

⑥ D20006　1月22~25日
　　总降水量及移动路径图　　　46
　　总降水日数图　　　47
⑦ D20007　1月30日
　　总降水量及移动路径图　　　48
　　总降水日数图　　　49
⑧ D20008　2月1~3日
　　总降水量及移动路径图　　　50
　　总降水日数图　　　51
⑨ D20009　2月3日
　　总降水量及移动路径图　　　52
　　总降水日数图　　　53
⑩ D20010　2月8日
　　总降水量及移动路径图　　　54
　　总降水日数图　　　55

C目录 ontents

⑪ D20011　2月11日
总降水量及移动路径图　　56
总降水日数图　　57

⑫ D20012　2月14日
总降水量及移动路径图　　58
总降水日数图　　59

⑬ D20013　2月15～16日
总降水量及移动路径图　　60
总降水日数图　　61

⑭ D20014　2月25日
总降水量及移动路径图　　62
总降水日数图　　63

⑮ D20015　2月28～29日
总降水量及移动路径图　　64
总降水日数图　　65

⑯ D20016　3月1日
总降水量及移动路径图　　66
总降水日数图　　67

⑰ D20017　3月3日
总降水量及移动路径图　　68
总降水日数图　　69

⑱ D20018　3月4日
总降水量及移动路径图　　70
总降水日数图　　71

⑲ D20019　3月8～9日
总降水量及移动路径图　　72
总降水日数图　　73

⑳ D20020　3月9～10日
总降水量及移动路径图　　74
总降水日数图　　75

㉑ D20021　3月13日
总降水量及移动路径图　　76
总降水日数图　　77

㉒ D20022　3月27～28日
总降水量及移动路径图　　78
总降水日数图　　79

㉓ D20023　3月30～31日
总降水量及移动路径图　　80
总降水日数图　　81

㉔ D20024　4月4～5日
总降水量及移动路径图　　82
总降水日数图　　83

㉕ D20025　4月4～5日
总降水量及移动路径图　　84
总降水日数图　　85

㉖ D20026　4月6～7日
总降水量及移动路径图　　86
总降水日数图　　87

㉗ D20027　4月6～8日
总降水量及移动路径图　　88
总降水日数图　　89

㉘ D20028　4月13～14日
总降水量及移动路径图　　90
总降水日数图　　91

目录 Contents

㉙ D20029 4月15～17日
    总降水量及移动路径图   92
    总降水日数图   93

㉚ D20030 4月18～19日
    总降水量及移动路径图   94
    总降水日数图   95

㉛ D20031 4月20～21日
    总降水量及移动路径图   96
    总降水日数图   97

㉜ D20032 4月22～23日
    总降水量及移动路径图   98
    总降水日数图   99

㉝ D20033 4月24～26日
    总降水量及移动路径图   100
    总降水日数图   101

㉞ D20034 5月4～5日
    总降水量及移动路径图   102
    总降水日数图   103

㉟ D20035 5月7～8日
    总降水量及移动路径图   104
    总降水日数图   105

㊱ D20036 5月8～9日
    总降水量及移动路径图   106
    总降水日数图   107

㊲ D20037 5月14～15日
    总降水量及移动路径图   108
    总降水日数图   109

㊳ D20038 5月16～17日
    总降水量及移动路径图   110
    总降水日数图   111

㊴ D20039 5月20～22日
    总降水量及移动路径图   112
    总降水日数图   113

㊵ D20040 5月20～21日
    总降水量及移动路径图   114
    总降水日数图   115

㊶ D20041 5月24日
    总降水量及移动路径图   116
    总降水日数图   117

㊷ D20042 5月28～29日
    总降水量及移动路径图   118
    总降水日数图   119

㊸ D20043 5月31～6月1日
    总降水量及移动路径图   120
    总降水日数图   121

㊹ D20044 6月2日
    总降水量及移动路径图   122
    总降水日数图   123

㊺ D20045 6月4～5日
    总降水量及移动路径图   124
    总降水日数图   125

㊻ D20046 6月7～9日
    总降水量及移动路径图   126
    总降水日数图   127

目录 Contents

㊼ D20047 6月10日
总降水量及移动路径图　128
总降水日数图　129

㊽ D20048 6月12～14日
总降水量及移动路径图　130
总降水日数图　131

㊾ D20049 6月13～14日
总降水量及移动路径图　132
总降水日数图　133

㊿ D20050 6月17～18日
总降水量及移动路径图　134
总降水日数图　135

㉛ D20051 6月20～27日
总降水量及移动路径图　136
总降水日数图　137

㉜ D20052 6月26～29日
总降水量及移动路径图　138
总降水日数图　139

㉝ D20053 6月29日～7月2日
总降水量及移动路径图　140
总降水日数图　141

㉞ D20054 7月3日
总降水量及移动路径图　142
总降水日数图　143

㉟ D20055 7月5～10日
总降水量及移动路径图　144
总降水日数图　145

㊱ D20056 7月7日
总降水量及移动路径图　146
总降水日数图　147

㊲ D20057 7月10～16日
总降水量及移动路径图　148
总降水日数图　149

㊳ D20058 7月14～15日
总降水量及移动路径图　150
总降水日数图　151

㊴ D20059 7月24～25日
总降水量及移动路径图　152
总降水日数图　153

㊵ D20060 8月11～12日
总降水量及移动路径图　154
总降水日数图　155

㊶ D20061 8月13日
总降水量及移动路径图　156
总降水日数图　157

㊷ D20062 8月13～14日
总降水量及移动路径图　158
总降水日数图　159

㊸ D20063 8月15～16日
总降水量及移动路径图　160
总降水日数图　161

㊹ D20064 8月16～19日
总降水量及移动路径图　162
总降水日数图　163

目 录 Contents

(65) D20065 8月30～31日
总降水量及移动路径图 164
总降水日数图 165
(66) D20066 9月11日
总降水量及移动路径图 166
总降水日数图 167
(67) D20067 9月16～17日
总降水量及移动路径图 168
总降水日数图 169
(68) D20068 9月21～26日
总降水量及移动路径图 170
总降水日数图 171
(69) D20069 9月25～26日
总降水量及移动路径图 172
总降水日数图 173
(70) D20070 9月30日～10月1日
总降水量及移动路径图 174
总降水日数图 175
(71) D20071 10月2～3日
总降水量及移动路径图 176
总降水日数图 177
(72) D20072 10月4日
总降水量及移动路径图 178
总降水日数图 179
(73) D20073 10月5～7日
总降水量及移动路径图 180
总降水日数图 181
(74) D20074 10月11～12日
总降水量及移动路径图 182
总降水日数图 183
(75) D20075 10月14～15日
总降水量及移动路径图 184
总降水日数图 185
(76) D20076 10月17～18日
总降水量及移动路径图 186
总降水日数图 187
(77) D20077 10月26～28日
总降水量及移动路径图 188
总降水日数图 189
(78) D20078 11月3日
总降水量及移动路径图 190
总降水日数图 191
(79) D20079 12月2日
总降水量及移动路径图 192
总降水日数图 193
(80) D20080 12月11日
总降水量及移动路径图 194
总降水日数图 195
(81) D20081 12月13日
总降水量及移动路径图 196
总降水日数图 197
(82) D20082 12月15～16日
总降水量及移动路径图 198
总降水日数图 199

目录 Contents

㉝ D20083 12月16日
总降水量及移动路径图　　200
总降水日数图　　201

㉞ D20084 12月18日
总降水量及移动路径图　　202
总降水日数图　　203

㉟ D20085 12月22～23日
总降水量及移动路径图　　204
总降水日数图　　205

㊱ D20086 12月24日
总降水量及移动路径图　　206
总降水日数图　　207

㊲ D20087 12月26日
总降水量及移动路径图　　208
总降水日数图　　209

㊳ D20088 12月28～29日
总降水量及移动路径图　　210
总降水日数图　　211

2020年西南低涡中心
位置资料表　　212~220

2020年西南低涡概况

2020年发生在西南地区的低涡共有88个，其中在四川九龙附近生成的低涡有29个，在四川盆地生成的低涡有53个，在四川小金附近生成的低涡有6个（表1~表4）。

2020年西南低涡最早生成在1月上旬，最迟生成在12月底。虽然每月都有西南低涡生成，但生成个数存在较大差异，4~6月和12月生成最多，各10个，2月和3月次之，各8个，这六个月生成的低涡个数占全年的63.64%，11月西南低涡生成个数最少，只有1个，占全年的1.14%（表1）。

2020年九龙低涡最早生成在1月中旬，最迟生成在12月下旬，九龙低涡8月生成个数最多，为5个，占全年的17.24%；2月和5月生成个数较多，各为4个，占全年的27.59%，除10月和11月外，其他各月均有九龙低涡生成（表2）。四川盆地低涡最早生成在1月初，最迟生成在12月底，3月、10月和12月生成个数最多，各有7个，占全年的39.62%，4~6月生成个数较多，各有6个，其他各月均有盆地涡生成（表3）。小金低涡最早生成在1月上旬，最迟生成在9月底，1月和4月生成个数最多，各有2个，占全年的66.67%，全年只有1月、4月、6月和9月有小金低涡生成（表4）。

2020年移出的西南涡共有18个（表5），其中九龙低涡移出7个，四川盆地低涡移出8个，小金低涡移出3个（表6~表8）。西南低涡移出的地点分布于四川、山西、重庆、贵州、云南、湖北、湖南、江西和山东9个省市，其中四川6个，云南和湖北各3个，山西、重庆、贵州、湖南、江西和山东各1个（表9）。九龙低涡移出的地点分布于四川、贵州和云南3个省，分别为3个、1个和3个（表10）。四川盆地低涡移出的地点分布于山西、重庆、湖北、湖南、江西和山东6个省市，其中湖北为3个，其余省市各为1个（表11）。小金低涡移出的地点全部分布于四川省，为3个（表12）。

2020年西南低涡中心位势高度最小值在304~311位势什米范围内最多，占78.37%（表13）。夏半年的西南低涡，其中心位势高度最小值在304~311位势什米范围内最多，占76.87%，其中在304~307位势什米范围内占30.60%，在308~311位势什米范围内占46.27%（表14）。冬半年的西南低涡，其中心位势高度最小值在304~311位势什米范围内最多，占81.09%，其中在304~307位势什米范围内占45.95%，在308~311位势什米范围内占35.14%（表15）。

2020年西南低涡偏南风最大风速在4~12m/s的频率最多，占77.41%（表16）。夏半年，西南低涡偏南风最大风速在4~12m/s的频率最多，占76.12%（表17）。冬半年，西南低涡偏南风最大风速在4~8m/s范围内的频率最多，占66.22%（表18）。

2020年的88次西南低涡过程，有87次造成了明显的降水。西南低涡过程降水量在100mm以上的有18次，过程降水量在200mm以上的有9次，其对应的西南低涡编号是D20052、D20053、D20055、D20057、D20060、D20062、D20063、D20064

和D20065，造成最大过程降水量分别是湖北远安239.5mm、贵州江口278.2mm、江西吉安375.1mm、江苏赣榆226.2mm、四川郫县306.6mm、四川蓬溪228.9mm、四川绵竹275.3mm、云南华坪220.2mm和四川大邑266.3mm，降水日数分别为1天、2天、2天、1天、2天、2天、2天、4天和2天。就西南低涡造成的过程降水量、影响范围和持续时间而言，D20057、D20060和D20064号西南低涡较为突出。

D20057号盆地低涡是本年度对我国降水影响范围最广的西南低涡，生成于四川盐亭，历时7天。该低涡于7月10日20时生成，中心强度为303位势什米，生成后在源地附近活动；7月11日08时，中心强度增强为302位势什米，之后向东北移动，7月11日20时移至陕西省汉中市镇巴县，中心强度为304位势什米，继续向东北移动；7月12日08时进入山东省菏泽市牡丹区，中心强度为306位势什米，之后继续向东北移动，于7月12日20时位于山东省潍坊市寒亭区，中心强度为305位势什米，继续向东北移动；7月13日08时，低涡移入黄海，中心强度为304位势什米，继续向东北移动，7月13日20时，低涡仍在黄海，中心强度为303位势什米，之后继续东北移；7月14日08时，低涡进入韩国，中心强度增强为302位势什米，之后继续东北移，7月14日20时，低涡移入日本海，中心强度为302位势什米，之后继续东北移；7月15日08时，低涡进入日本境内，中心强度增强为301位势什米，之后继续东北移，7月15日20时，低涡移入北海道，中心强度维持在302位势什米，继续东北移；7月16日08时，低涡位于北海道境内，中心强度为303位势什米，之后减弱消失。受其影响，在低涡的移动路径上造成我国大范围降水，尤其是黄河流域的强降水，其分布区域主要在四川省盆地地区大部，甘肃南部，陕西中、南部，山西东北、南半部，河北中、南部，北京，辽宁、吉林、黑龙江南部，山东，河南，江苏、安徽北部，湖北西、北部，重庆，湖南、贵州北部地区，降水日数为1~3天。其中四川、重庆、甘肃、陕西、山东、江苏和安徽有成片降水量大于50mm的区域，存在三个降水中心，分别是四川苍溪，降水量167.5mm，降水日数2天；重庆秀山，降水量116.0mm，降水日数1天；江苏赣榆，降水量226.2mm，降水日数1天。

D20064号九龙低涡是本年度对西南地区影响范围最大的西南低涡，生成于四川木里，历时4天。该低涡生成于8月16日20时，中心强度为307位势什米，生成后低涡向南移动；17日08时，低涡开始向西南移动，中心强度维持在307位势什米，17日20时，低涡移出源地至云南漾濞，中心强度为308位势什米，之后低涡略微西移；18日08时，低涡位于云南泸水，中心强度为309位势什米，之后低涡开始向东南行，18日20时，低涡移至云南江城，中心强度为310位势什米，之后低涡在此停留；19日08时，低涡中心强度为310位势什米，之后减弱消失。受其影响，四川省和云南省出现高强度降水，其分布区域主要在川西高原南部，攀西地区大部，四川省盆地地区西南、中、南部和云南大部地区，降水日数为1~4天。其中四川和云南有成片降水量大于50mm的区域，有三个降水中心，分别是云南华坪，降水量220.2mm，降水日数4天；四川眉山，降水量186.5mm，降水日数2天；云南保山隆阳，降水量116.1mm，降水日数2天。

D20060号九龙低涡是本年度对四川盆地地区影响范围最大的西南低涡，生成于四川石棉，历时2天。该低涡生成于8月11日20时，中心强度为306位势什米，生成后低涡在源地附近活动，8日12日08时，低涡中心强度减弱为307位势什米，之后减弱消失。受其影响，四川盆地地区发生高强度降水，其分布区域主要在川西高原东、中、南部，攀西地区东部和四川省盆地地区西、中、东北部地区，降水日数为1~2天。其中四川有成片降水量大于50mm的区域，降水中心位于四川郫县，降水量306.6mm，降水日数2天。

表1　2020年西南低涡出现频次

	1月	2月	3月	4月	5月	6月	7月	8月	9月	10月	11月	12月	全年
次数	7	8	8	10	10	10	6	6	5	7	1	10	88
频率 / %	7.95	9.09	9.09	11.36	11.36	11.36	6.82	6.82	5.68	7.95	1.14	11.36	100

表2　2020年九龙低涡出现频次

	1月	2月	3月	4月	5月	6月	7月	8月	9月	10月	11月	12月	全年
次数	2	4	1	2	4	3	3	5	2	0	0	3	29
频率 / %	6.90	13.79	3.45	6.90	13.79	10.34	10.34	17.24	6.90	0.00	0.00	10.34	100

表3　2020年四川盆地低涡出现频次

	1月	2月	3月	4月	5月	6月	7月	8月	9月	10月	11月	12月	全年
次数	3	4	7	6	6	6	3	1	2	7	1	7	53
频率 / %	5.66	7.55	13.21	11.32	11.32	11.32	5.66	1.89	3.77	13.21	1.89	13.21	100

表4　2020年小金低涡出现频次

	1月	2月	3月	4月	5月	6月	7月	8月	9月	10月	11月	12月	全年
次数	2	0	0	2	0	1	0	0	1	0	0	0	6
频率 / %	33.33	0.00	0.00	33.33	0.00	16.67	0.00	0.00	16.67	0.00	0.00	0.00	100

表5　2020年西南低涡移出源地次数

	1月	2月	3月	4月	5月	6月	7月	8月	9月	10月	11月	12月	全年
次数	1	0	1	1	3	3	3	2	3	1	0	0	18
移出几率/%	1.14	0.00	1.14	1.14	3.41	3.41	3.41	2.27	3.41	1.14	0.00	0.00	20.45
月移出率/%	5.56	0.00	5.56	5.56	16.67	16.67	16.67	11.11	16.67	5.56	0.00	0.00	100.00
当月移出率/%	14.29	0.00	12.50	10.00	30.00	30.00	50.00	33.33	60.00	14.29	0.00	0.00	/

表6　2020年九龙低涡移出源地次数

	1月	2月	3月	4月	5月	6月	7月	8月	9月	10月	11月	12月	全年
次数	0	0	0	0	2	1	1	2	1	0	0	0	7
移出几率/%	0.00	0.00	0.00	0.00	6.90	3.45	3.45	6.90	3.45	0.00	0.00	0.00	24.14
月移出率/%	0.00	0.00	0.00	0.00	28.57	14.29	14.29	28.57	14.29	0.00	0.00	0.00	100
当月移出率/%	0.00	0.00	0.00	0.00	50.00	33.33	33.33	40.00	50.00	0.00	0.00	0.00	/

表7　2020年四川盆地低涡移出源地次数

	1月	2月	3月	4月	5月	6月	7月	8月	9月	10月	11月	12月	全年
次数	0	0	1	0	1	1	2	0	2	1	0	0	8
移出几率/%	0.00	0.00	1.89	0.00	1.89	1.89	3.77	0.00	3.77	1.89	0.00	0.00	15.09
月移出率/%	0.00	0.00	12.50	0.00	12.50	12.50	25.00	0.00	25.00	12.50	0.00	0.00	100
当月移出率/%	0.00	0.00	14.29	0.00	16.67	16.67	66.67	0.00	100.00	14.29	0.00	0.00	/

表8　2020年小金低涡移出源地次数

	1月	2月	3月	4月	5月	6月	7月	8月	9月	10月	11月	12月	全年
次数	1	0	0	1	0	1	0	0	0	0	0	0	3
移出几率/%	16.67	0.00	0.00	16.67	0.00	16.67	0.00	0.00	0.00	0.00	0.00	0.00	50.00
月移出率/%	33.33	0.00	0.00	33.33	0.00	33.33	0.00	0.00	0.00	0.00	0.00	0.00	100
当月移出率/%	50.00	0.00	0.00	50.00	0.00	100.00	0.00	0.00	0.00	0.00	0.00	0.00	/

表9　2020年西南低涡移出源地的地区分布

	四川	山西	重庆	贵州	云南	湖北	湖南	江西	山东	河南	合计
次数	6	1	1	1	3	3	1	1	1	0	18
出源地率/%	33.33	5.56	5.56	5.56	16.67	16.67	5.56	5.56	5.56	0.00	100

表10　2020年九龙低涡移出源地的地区分布

	四川	山西	重庆	贵州	云南	湖北	湖南	江西	山东	河南	合计
次数	3	0	0	1	3	0	0	0	0	0	7
出源地率/%	42.86	0.00	0.00	14.29	42.86	0.00	0.00	0.00	0.00	0.00	100

表11　2020年四川盆地低涡移出源地的地区分布

	四川	山西	重庆	贵州	云南	湖北	湖南	江西	山东	河南	合计
次数	0	1	1	0	0	3	1	1	1	0	8
出源地率 / %	0.00	12.50	12.50	0.00	0.00	37.50	12.50	12.50	12.50	0.00	100

表12　2020年小金低涡移出源地的地区分布

	四川	山西	重庆	贵州	云南	湖北	湖南	江西	山东	河南	合计
次数	3	0	0	0	0	0	0	0	0	0	3
出源地率 / %	100.00	0.00	0.00	0.00	0.00	0.00	0.00	0.00	0.00	0.00	100

表13　2020年西南低涡中心强度频率分布

位势高度 / 位势什米	315 | 312	311 | 308	307 | 304	303 | 300	299 | 296	295 | 292	291 | 288	287 | 284	283 | 280
频率 / %	9.62	42.31	36.06	11.54	0.48				

表14　2020年夏半年西南低涡中心强度频率分布

位势高度 / 位势什米	315 | 312	311 | 308	307 | 304	303 | 300	299 | 296	295 | 292	291 | 288	287 | 284	283 | 280
频率 / %	11.94	46.27	30.60	10.45	0.75				

表15　2020年冬半年西南低涡中心强度频率分布

位势高度 /位势什米	315 ｜ 312	311 ｜ 308	307 ｜ 304	303 ｜ 300	299 ｜ 296	295 ｜ 292	291 ｜ 288	287 ｜ 284	283 ｜ 280
频率/%	5.41	35.14	45.95	13.51					

表16　2020年西南低涡偏南风最大风速频率分布

最大风速/(m/s)	2	4	6	8	10	12	14	16	18	20	22
频率/%	8.17	17.31	15.87	18.75	13.94	11.54	6.73	4.33	2.40	0.48	0.48

表17　2020年夏半年西南低涡偏南风最大风速频率分布

最大风速/(m/s)	2	4	6	8	10	12	14	16	18	20	22
频率/%	7.46	11.19	13.43	19.40	16.42	15.67	6.72	5.97	2.99	0.75	0.00

表18　2020年冬半年西南低涡偏南风最大风速频率分布

最大风速/(m/s)	2	4	6	8	10	12	14	16	18	20	22
频率/%	9.46	28.38	20.27	17.57	9.46	4.05	6.76	1.35	1.35	0.00	1.35

2020年西南低涡纪要表

序号	编号	中英文名称	起止日期(月/日)	中心最小位势高度/位势什米	发现点经纬度	移出涡源的地点	移出涡源的时间(月/日时)	移出涡源中心位势高度/位势什米	路径趋向
1	D20001	梓潼, Zitong	1/2~1/3	309	105.24°E,31.51°N				东行
2	D20002	松潘, Songpan	1/8	302	103.69°E,32.81°N				源地生消
3	D20003	梓潼, Zitong	1/9~1/10	302	105.08°E,31.82°N				东行
4	D20004	石棉, Shimian	1/11	308	102.49°E,29.21°N				源地生消
5	D20005	红原, Hongyuan	1/17~1/18	304	103.27°E,32.95°N	通江	1/18^{08}	304	东南行移出源地
6	D20006	中江, Zhongjiang	1/22~1/25	304	105.15°E,30.67°N				西北行转东南行再转渐东北行
7	D20007	荥经, Yingjing	1/30	306	102.91°E,29.71°N				源地生消
8	D20008	北川, Beichuan	2/1~2/2	304	104.17°E,31.89°N				东南行
9	D20009	盐源, Yanyuan	2/3	308	101.44°E,27.51°N				源地生消
10	D20010	九龙, Jiulong	2/8	309	102.09°E,29.16°N				源地生消
11	D20011	荣县, Rongxian	2/11	306	104.24°E,29.58°N				源地生消

2020年西南低涡纪要表（续-1）

序号	编号	中英文名称	起止日期（月/日）	中心最小位势高度/位势什米	发现点经纬度	移出涡源的地点	移出涡源的时间（月/日^{时}）	移出涡源中心位势高度/位势什米	路径趋向
12	D20012	昭化, Zhaohua	2/14	301	105.67°E,32.25°N				源地生消
13	D20013	雅江, Yajiang	2/15	304	101.01°E,29.13°N				西南行
14	D20014	安岳, Anyue	2/25	308	105.04°E,30.00°N				源地生消
15	D20015	泸定, Luding	2/28~2/29	306	102.27°E,29.73°N				东行
16	D20016	仪陇, Yilong	3/1	309	106.34°E,31.40°N				源地生消
17	D20017	恩阳, Enyang	3/3	307	106.52°E,31.71°N				源地生消
18	D20018	船山, Chuanshan	3/4	309	105.61°E,30.42°N				源地生消
19	D20019	宣汉, Xuanhan	3/8	300	107.80°E,31.58°N				源地生消
20	D20020	木里, Muli	3/9~3/10	303	101.33°E,28.41°N				源地附近活动后转西南行
21	D20021	嘉陵, Jialing	3/13	310	106.05°E,30.74°N				源地生消
22	D20022	渠县, Quxian	3/27	306	107.05°E,31.06°N	巴东	3/27^{20}	307	东行移出源地

2020年西南低涡纪要表（续-2）

序号	编号	中英文名称	起止日期（月/日）	中心最小位势高度/位势什米	发现点经纬度	移出涡源的地点	移出涡源的时间（月/日时）	移出涡源中心位势高度/位势什米	路径趋向
23	D20023	垫江, Dianjiang	3/30	304	107.37°E,30.25°N				源地生消
24	D20024	西充, Xichong	4/4～4/5	310	105.81°E,31.04°N				源地附近活动
25	D20025	木里, Muli	4/4～4/5	309	101.64°E,28.24°N				源地附近活动
26	D20026	武胜, Wusheng	4/6～4/7	308	106.15°E,30.44°N				源地附近活动
27	D20027	盐源, Yanyuan	4/6～4/7	305	101.49°E,27.54°N				源地附近活动
28	D20028	邻水, Linshui	4/13	309	107.00°E,30.19°N				源地生消
29	D20029	松潘, Songpan	4/15～4/16	305	103.43°E,32.99°N	剑阁	4/16 08	306	东南行移出源地转西南行
30	D20030	松潘, Songpan	4/18	306	103.75°E,32.54°N				源地生消
31	D20031	仪陇, Yilong	4/20～4/21	308	106.71°E,31.57°N				源地附近活动
32	D20032	安居, Anju	4/22～4/23	308	105.35°E,30.47°N				源地附近活动
33	D20033	合江, Hejiang	4/24～4/25	312	105.65°E,28.81°N				东南行

2020年西南低涡纪要表（续-3）

序号	编号	中英文名称	起止日期（月/日）	中心最小位势高度/位势什米	发现点经纬度	移出涡源的地点	移出涡源的时间（月/日时）	移出涡源中心位势高度/位势什米	路径趋向
34	D20034	梁平,Liangping	5/4	308	107.82°E,30.65°N				源地生消
35	D20035	游仙,Youxian	5/7	303	104.80°E,31.63°N				东北行
36	D20036	天全,Tianquan	5/8~5/9	307	102.33°E,29.89°N	北川	5/8[20]	307	东北行移出源地转东行
37	D20037	潼南,Tongnan	5/14	306	105.92°E,30.13°N				东南行
38	D20038	盐源,Yanyuan	5/16~5/17	309	101.41°E,27.51°N	普定	5/17[08]	310	东南行移出源地
39	D20039	南部,Nanbu	5/20~5/21	306	105.95°E,31.33°N	巫山	5/20[20]	307	东行移出源地继续东行
40	D20040	冕宁,Mianning	5/20	306	102.26°E,28.81°N				源地附近活动
41	D20041	泸定,Luding	5/24	308	101.99°E,29.77°N				源地生消
42	D20042	邻水,Linshui	5/28	309	107.15°E,30.41°N				源地生消
43	D20043	资中,Zizhong	5/31	310	104.86°E,29.79°N				东行
44	D20044	铜梁,Tongliang	6/2	308	106.06°E,29.99°N				源地生消

2020年西南低涡纪要表（续-4）

序号	编号	中英文名称	起止日期(月/日)	中心最小位势高度/位势什米	发现点经纬度	移出涡源的地点	移出涡源的时间(月/日时)	移出涡源中心位势高度/位势什米	路径趋向
45	D20045	丰都, Fengdu	6/4	308	108.01°E,30.00°N				源地附近活动
46	D20046	松潘, Songpan	6/7~6/8	306	103.81°E,32.86°N	射洪	6/8^{08}	307	东南行移出源地转东北行
47	D20047	康定, Kangding	6/10	310	101.89°E,29.36°N				源地生消
48	D20048	忠县, Zhongxian	6/12~6/13	306	107.95°E,30.29°N				南行转西北行
49	D20049	玉龙, Yulong	6/13~6/14	308	100.31°E,27.33°N	楚雄	6/14^{08}	312	东南行移出源地
50	D20050	木里, Muli	6/17	307	101.27°E,27.76°N				源地生消
51	D20051	通江, Tongjiang	6/20~6/26	299	107.20°E,31.85°N	沁水	6/22^{08}	307	源地附近活动后转东北行移出源地后继续东北行
52	D20052	井研, Jingyan	6/26~6/28	305	104.09°E,29.78°N				东北行转东行
53	D20053	嘉陵, Jialing	6/29~7/2	308	106.03°E,30.57°N				源地附近活动后转渐东行
54	D20054	江津, Jiangjin	7/3	310	106.28°E,28.97°N				源地生消
55	D20055	嘉陵, Jialing	7/5~7/9	306	105.83°E,30.77°N	南县	7/9^{08}	306	渐东南行移出源地后继续东行

2020年西南低涡纪要表（续-5）

序号	编号	中英文名称	起止日期（月/日）	中心最小位势高度/位势什米	发现点经纬度	移出涡源的地点	移出涡源的时间（月/日[时]）	移出涡源中心位势高度/位势什米	路径趋向
56	D20056	九龙, Jiulong	7/7	309	101.73°E, 28.78°N				源地生消
57	D20057	盐亭, Yanting	7/10~7/16	301	105.53°E, 31.37°N	牡丹	7/12[08]	306	东北行移出源地后继续东北行
58	D20058	汉源, Hanyuan	7/14~7/15	309	102.38°E, 29.57°N	乐至	7/15[08]	309	东行移出源地
59	D20059	泸定, Luding	7/24	310	102.08°E, 29.78°N				源地生消
60	D20060	石棉, Shimian	8/11~8/12	306	102.47°E, 29.29°N				源地附近活动
61	D20061	大姚, Dayao	8/13	310	101.10°E, 26.13°N				源地生消
62	D20062	射洪, Shehong	8/13	309	105.46°E, 30.86°N				源地附近活动
63	D20063	天全, Tianquan	8/15	307	102.33°E, 29.96°N				源地生消
64	D20064	木里, Muli	8/16~8/19	307	101.54°E, 28.56°N	漾濞	8/17[20]	308	西南行移出源地后转东南行
65	D20065	泸定, Luding	8/30~8/31	310	102.13°E, 29.57°N	巍山	8/31[08]	312	西南行移出源地
66	D20066	木里, Muli	9/11	312	100.95°E, 28.12°N				源地生消

2020年西南低涡纪要表（续-6）

序号	编号	中英文名称	起止日期（月/日）	中心最小位势高度/位势什米	发现点经纬度	移出涡源的地点	移出涡源的时间（月/日时）	移出涡源中心位势高度/位势什米	路径趋向
67	D20067	木里, Muli	9/16	309	101.10°E,28.11°N	蓬安	9/16[20]	310	东北行移出源地
68	D20068	平武, Pingwu	9/21～9/26	305	104.81°E,32.03°N	随县	9/22[20]	311	东行移出源地后转东北行
69	D20069	武胜, Wusheng	9/25～9/26	309	106.29°E,30.23°N	修水	9/26[08]	311	东南行移出源地
70	D20070	松潘, Songpan	9/30	308	103.86°E,32.28°N				源地生消
71	D20071	梓潼, Zitong	10/2～10/3	308	104.97°E,31.74°N				渐东行
72	D20072	西充, Xichong	10/4	313	105.97°E,31.06°N				源地生消
73	D20073	南部, Nanbu	10/5～10/7	312	105.92°E,31.21°N	谷城	10/6[20]	312	东北行移出源地后继续东北行
74	D20074	苍溪, Cangxi	10/11～10/12	312	106.10°E,31.85°N				南行转西南行
75	D20075	梓潼, Zitong	10/14	314	105.11°E,31.74°N				源地生消
76	D20076	资中, Zizhong	10/17～10/18	313	104.93°E,29.81°N				东北行
77	D20077	蓬溪, Pengxi	10/26～10/27	311	105.82°E,30.60°N				北行

2020年西南低涡纪要表（续-7）

序号	编号	中英文名称	起止日期（月/日）	中心最小位势高度/位势什米	发现点经纬度	移出涡源的地点	移出涡源的时间（月/日时）	移出涡源中心位势高度/位势什米	路径趋向
78	D20078	荣昌,Rongchang	11/3	314	105.42°E,29.57°N				源地生消
79	D20079	阆中,Langzhong	12/2	310	106.40°E,31.73°N				源地生消
80	D20080	剑阁,Jiange	12/11	304	105.27°E,31.89°N				源地生消
81	D20081	梓潼,Zitong	12/13	303	105.08°E,31.71°N				源地生消
82	D20082	荣昌,Rongchang	12/15	308	105.37°E,29.47°N				源地生消
83	D20083	汉源,Hanyuan	12/16	307	102.57°E,29.40°N				源地生消
84	D20084	顺庆,Shunqing	12/18	307	106.14°E,31.10°N				源地生消
85	D20085	泸定,Luding	12/22~12/23	303	102.27°E,29.62°N				源地附近活动
86	D20086	石棉,Shimian	12/24	305	102.27°E,29.29°N				源地生消
87	D20087	射洪,Shehong	12/26	304	105.43°E,30.73°N				源地生消
88	D20088	剑阁,Jiange	12/28~12/29	301	105.57°E,31.83°N				南行

2020年西南低涡对我国降水影响简表

序号	编号	简述活动的情况	西南低涡对我国降水的影响		
			时间（月/日）	概况	极值
1	D20001	盆地低涡东行	1/2~1/3	降水区域有四川省盆地地区西、南部，重庆西南、东北、中部，贵州北部和云南东北部地区，降水日数为1天	四川珙县 3.8mm（1天）
2	D20002	小金低涡源地生消	1/8~1/9	无降水	无
3	D20003	盆地低涡东行	1/9~1/10	降水区域有四川省盆地地区西南、西北、东北部，重庆中、东北部和陕西、甘肃南部地区，降水日数为1天	陕西镇坪 1.6mm（1天）
4	D20004	九龙低涡源地生消	1/11	降水区域有四川省盆地地区西南、南部和云南东北部地区，降水日数为1天	四川珙县 3.6mm（1天）
5	D20005	小金低涡东南行移出源地	1/17~1/18	降水区域有四川省盆地地区西部，重庆中、东北部和湖北西部地区，降水日数为1~2天	湖北恩施 1.2mm（1天）
6	D20006	盆地低涡西北行转东南行再转渐东北行	1/22~1/25	降水区域有四川省盆地地区西、中、东北部，陕西南部，重庆西北、中、东北部、南部和湖北西部地区，降水日数为1~3天	重庆万盛 11.7mm（1天）
7	D20007	九龙低涡源地生消	1/30	降水区域有四川省盆地地区西南、南部，攀西地区，云南东北部和贵州西北部地区，降水日数为1天	四川越西 7.2mm（1天）
8	D20008	盆地低涡东南行	2/1~2/3	降水区域有四川省盆地地区大部，重庆西北、中、西南、东南部，云南东北部和贵州北部地区，降水日数为1~2天	四川珙县 15.0mm（2天）
9	D20009	九龙低涡源地生消	2/3	降水区域有攀西地区东部和云南西、中和东北部部分地区，降水日数为1天	云南贡山 6.5mm（1天）
10	D20010	九龙低涡源地生消	2/8	降水区域有四川省盆地地区西部，降水日数为1天	四川洪雅 10.1mm（1天）
11	D20011	盆地低涡源地生消	2/11	降水区域有四川省盆地地区西、南部，重庆西南部，云南东北部和贵州西北部地区，降水日数为1天	重庆万盛 1.2mm（1天）

2020年西南低涡对我国降水影响简表（续-1）

序号	编号	简述活动的情况	西南低涡对我国降水的影响		
			时间（月/日）	概况	极值
12	D20012	盆地低涡源地生消	2/14	降水区域有四川省盆地地区东北部、陕西南部和重庆东北部个别地区，降水日数为1天	陕西紫阳 2.6mm（1天）
13	D20013	九龙低涡西南行	2/15～2/16	降水区域有攀西地区中、东部，四川省盆地地区西南、南部和云南东北部地区，降水日数为1～2天	四川天全 11.1mm（2天）
14	D20014	盆地低涡源地生消	2/25	降水区域有重庆西南部和贵州北部地区，降水日数为1天	贵州桐梓 0.5mm（1天）
15	D20015	九龙低涡东行	2/28～2/29	降水区域有川西高原西、东南部，四川省盆地地区西南、南部，重庆中、南部，贵州北部和云南东北部地区，降水日数为1天	四川越西 6.1mm（1天）
16	D20016	盆地低涡源地生消	3/1	降水区域有四川省盆地地区西、中、东北部，重庆中、西北部和陕西南部地区，降水日数为1天	四川峨眉山 8.0mm（1天）
17	D20017	盆地低涡源地生消	3/3	降水区域有四川省盆地地区大部，重庆西北、中、西南部，贵州西北部和云南东北部地区，降水日数为1天	四川合江 9.8mm（1天）
18	D20018	盆地低涡源地生消	3/4	降水区域有四川省盆地地区西南、南、东北部，重庆西南、中部和贵州东北部地区，降水日数为1天	重庆南川 10.5mm（1天）
19	D20019	盆地低涡源地生消	3/8～3/9	降水区域有四川省盆地地区东北部，重庆中、东北部，陕西南部和湖北西部地区，降水日数为1～2天	湖北秭归 18.5mm（2天）
20	D20020	九龙低涡源地附近活动后转西南行	3/9～3/10	降水区域有川西高原南部，攀西地区东部，四川省盆地地区西、南部，贵州西北部和云南东北部地区，降水日数为1～2天	四川峨眉山 26.4mm（2天）
21	D20021	盆地低涡源地生消	3/13	降水区域有四川省盆地地区东北部，重庆中、东北部，陕西南部和湖北西部地区，降水日数为1天	重庆梁平 4.6mm（1天）

2020年西南低涡对我国降水影响简表（续-2）

序号	编号	简述活动的情况	西南低涡对我国降水的影响		
			时间（月/日）	概况	极值
22	D20022	盆地低涡东行移出源地	3/27～3/28	降水区域有四川省盆地地区西北、中、东北、南部，重庆，甘肃、陕西、山西南部，湖北、湖南、河南西部，贵州北部和云南东北部地区，降水日数为1～2天。其中四川盆地地区东北部，重庆中、东南部和贵州北部有成片降水量大于50mm的区域，有两个降水中心，分别位于重庆梁平和重庆彭水，降水量分别为106.5mm和100.3mm	重庆梁平 106.5mm（1天）
23	D20023	盆地低涡源地生消	3/30～3/31	降水区域有四川省盆地地区北、中部，重庆西北、中、东北部，甘肃、陕西南部和湖北西部地区，降水日数为1～2天	陕西留坝 10.5mm（2天）
24	D20024	盆地低涡源地附近活动	4/4～4/5	降水区域有四川省盆地地区大部，重庆西南、中、西部，陕西、甘肃南部，湖北西南部，云南东北部和贵州北部地区，降水日数为1～2天	重庆万盛 16.3mm（2天）
25	D20025	九龙低涡源地附近活动	4/4～4/5	降水区域有川西高原中、东部，攀西地区东部，四川省盆地地区西南部和云南东北部地区，降水日数为1～2天	四川雷波 6.5mm（1天）
26	D20026	盆地低涡源地附近活动	4/6～4/7	降水区域有四川省盆地地区西北、中、南部和重庆西北、西南部个别地区，降水日数为1～2天	重庆南川 3.6mm（2天）
27	D20027	九龙低涡源地附近活动	4/6～4/8	降水区域有川西高原南部，攀西地区东部，四川省盆地地区西南、南部，贵州西部和云南北部地区，降水日数为1～2天	四川甘洛 31.3mm（2天）
28	D20028	盆地低涡源地生消	4/13～4/14	降水区域有四川省盆地地区西北、东北、中、西南部和重庆西南、东南部地区，降水日数为1～2天	四川仪陇 13.7mm（1天）
29	D20029	小金低涡东南行移出源地转西南行	4/15～4/17	降水区域有四川省盆地地区西南、东北部，陕西南部和重庆西北、中部地区，降水日数为1天	四川平昌 27.6mm（1天）
30	D20030	小金低涡源地生消	4/18～4/19	降水区域有川西高原北部个别地区，四川省盆地地区西南部和甘肃、陕西南部地区，降水日数为1天	四川都江堰 3.1mm（1天）
31	D20031	盆地低涡源地附近活动	4/20～4/21	降水区域有四川省盆地地区北、中、南部，重庆西南、中、北部，陕西南部和湖北西部地区，降水日数为1～2天	四川达县 24.8mm（2天）

2020年西南低涡对我国降水影响简表（续-3）

序号	编号	简述活动的情况	西南低涡对我国降水的影响		
			时间（月/日）	概况	极值
32	D20032	盆地低涡源地附近活动	4/22～4/23	降水区域有四川省盆地地区大部，甘肃、陕西南部，重庆大部，云南东北部，贵州北部和湖北西部地区，降水日数为1～2天	重庆江津 38.5mm（2天）
33	D20033	盆地低涡东南行	4/24～4/26	降水区域有四川省盆地地区南部，重庆西南、东南部，贵州大部和云南东北部地区，降水日数为1～3天	贵州龙里 10.1mm（3天）
34	D20034	盆地低涡源地生消	5/4～5/5	降水区域有四川省盆地地区中、东北部，重庆中、东北、东南部，陕西南部地区，湖北、湖南西部和贵州东北部地区，降水日数为1～2天。其中湖南、重庆有成片降水量大于50mm的区域，有两个降水中心，分别位于重庆梁平和重庆秀山，降水量分别为80.5mm和68.9mm	重庆梁平 80.5mm（1天）
35	D20035	盆地低涡东北行	5/7～5/8	降水区域有川西高原北部，四川省盆地地区西、东北部，甘肃、陕西南部和重庆西北部地区，降水日数为1～2天	四川青川 63.2mm（1天）
36	D20036	九龙低涡东北行移出源地转东行	5/8～5/9	降水区域有四川省盆地地区西南、中、南、西北、东北部，甘肃、陕西南部，湖北西部，云南东北部和重庆西南、中、东北部地区，降水日数为1～2天	重庆城口 51.1mm（1天）
37	D20037	盆地低涡东南行	5/14～5/15	降水区域有四川省盆地地区北、中、南部，重庆大部，湖北西部和贵州大部地区，降水日数为1～2天	重庆彭水 79.3mm（1天）
38	D20038	九龙低涡东南行移出源地	5/16～5/17	降水区域有川西高原中、南部，攀西地区，四川省盆地地区西南部，湖南西部，贵州大部，广西西北部和云南北、中、东部地区，降雨日数为1～2天	贵州兴义 73.5mm（1天）
39	D20039	盆地低涡东行移出源地继续东行	5/20～5/22	降水区域有四川省盆地地区北、中部，重庆西北、中、东北、东南部，湖北大部，河南、安徽南部，浙江中、北部和江西、湖南北部地区，降水日数为1～2天	重庆垫江 65.9mm（1天）
40	D20040	九龙低涡源地附近活动	5/20～5/21	降水区域有川西高原东部，四川省盆地地区西南、南部，重庆西南部，贵州西北部和云南北部地区，降水日数为1～2天	四川合江 53.2mm（2天）
41	D20041	九龙低涡源地生消	5/24	降水区域有川西高原中、南部，四川省盆地地区西南、南部，贵州西部和云南北部地区，降水日数为1天	四川丹棱 52.7mm（1天）

2020年西南低涡对我国降水影响简表（续-4）

序号	编号	简述活动的情况	西南低涡对我国降水的影响		
			时间（月/日）	概况	极值
42	D20042	盆地低涡源地生消	5/28～5/29	降水区域有四川省盆地地区东北、南部，重庆西南、中、东北部，湖北西部和贵州北部地区，降水日数为1～2天	贵州习水 10.1mm（2天）
43	D20043	盆地低涡东行	5/31～6/1	降水区域有四川省盆地地区西南、西北、中部，重庆大部，湖北西部，湖南西、中、北部和贵州东北部地区，降水日数为1～2天。其中湖南有成片降水量大于50mm的区域，降水中心位于湖南辰溪，降水量为108.0mm	湖南辰溪 108.0mm（1天）
44	D20044	盆地低涡源地生消	6/2	降水区域有四川省盆地地区大部，甘肃、陕西南部，重庆，湖北西部和贵州北部地区，降水日数为1天。其中四川和重庆有成片降水量大于50mm的区域，有两个降水中心，分别位于四川合江和重庆合川，降水量分别为69.7mm和87.7mm	重庆合川 87.7mm（1天）
45	D20045	盆地低涡源地附近活动	6/4～6/5	降水区域有湖北西、东部，安徽南部和江西、湖南、贵州北部地区，降水日数为1～2天	湖北利川 28.2mm（1天）
46	D20046	小金低涡东南行移出源地转东北行	6/7～6/9	降水区域有川西高原北部，四川省盆地地区西北、中、东北、南部，重庆大部，甘肃、陕西南部，湖北西部和湖南、贵州北部地区，降水日数为1～3天	湖南桑植 79.9mm（1天）
47	D20047	九龙低涡源地生消	6/10	降水区域有攀西地区东、南部，四川省盆地地区西南、南部，贵州西部和云南北部地区，降水日数为1天	云南宣威 83.8mm（1天）
48	D20048	盆地低涡南行转西北行	6/12～6/14	降水区域有四川省盆地地区东北、中、南部，重庆，陕西南部，湖北西部，贵州北、中、西部，湖南北部和云南东北部地区，降水日数为1～2天。其中贵州、重庆和湖南有成片降水量大于50mm的区域，降水中心位于贵州织金，降水量为182.8mm	贵州织金 182.8mm（1天）
49	D20049	九龙低涡东南行移出源地	6/13～6/14	降水区域有川西高原南部，攀西地区，四川省盆地地区西南部，贵州西部和云南北、东部地区，降水日数为1～3天。其中云南和四川有成片降水量大于50mm的区域，降水中心位于四川会理，降水量为85.6mm	四川会理 85.6mm（1天）
50	D20050	九龙低涡源地生消	6/17～6/18	降水区域有川西高原中、南部，攀西地区东部，四川省盆地地区西南、南部，贵州西北部和云南东北部地区，降水日数为1～2天	四川西昌 144.3mm（1天）

2020年西南低涡对我国降水影响简表（续-5）

序号	编号	简述活动的情况	西南低涡对我国降水的影响		
			时间（月/日）	概况	极值
51	D20051	盆地低涡源地附近活动后转东北行移出源地后继续东北行	6/20~6/27	降水区域有四川省盆地地区西北、东北、南部，甘肃、陕西、山西、河北、黑龙江南部，辽宁东部，吉林中、东部，山东，河南、江苏、安徽、湖南、贵州北部，湖北西部和重庆，降水日数为1~3天。其中贵州、重庆和辽宁有成片降水量大于50mm的区域，存在三个降水中心，分别位于贵州正安、辽宁丹东和辽宁宽甸，降水量分别为102.9mm、71.1mm和71.1mm	贵州正安102.9mm（1天）
52	D20052	盆地低涡东北行转东行	6/26~6/29	降水区域有川西高原东、南部，攀西地区东部，四川省盆地地区大部，甘肃、陕西、河南南部，重庆，湖北中、西部，湖南、贵州北部和云南东北部地区，降水日数为1~3天。其中四川、重庆、湖北、湖南和贵州有成片降水量大于50mm的区域，降水中心位于湖北远安，降水量为239.5mm	湖北远安239.5mm（1天）
53	D20053	盆地低涡源地附近活动后转渐东行	6/29~7/2	降水区域有川西高原东部，四川省盆地地区，重庆，陕西南部，河南西部，湖北中、西部，湖南北部，贵州大半部和云南东北部地区，降水日数为1~4天。其中四川、重庆、湖北、湖南和贵州有成片降水量大于50mm的区域，存在四个降水中心，分别位于贵州江口、湖南慈利、重庆大足和贵州安顺，降水量分别为278.2mm、181.8mm、122.2mm和104.0mm	贵州江口278.2mm（2天）
54	D20054	盆地低涡源地生消	7/3	降水区域有四川省盆地地区东北部，重庆东北、南部，湖北西部和贵州北部地区，降水日数为1天	重庆黔江8.6mm（1天）
55	D20055	盆地低涡渐东南行移出源地后继续东行	7/5~7/10	降水区域有四川省盆地地区大部，重庆，陕西、安徽南部，湖北中、西部，湖南大部，贵州中、东、北部，江西，广东北部和福建中、西、北部地区，降水日数为1~5天。其中江西、湖南、福建、贵州、重庆、湖北有成片降水量大于50mm的区域，存在三个降水中心，分别位于江西吉安、湖北鹤峰和湖南洪江，降水量分别为375.1mm、262.5mm和118.5mm	江西吉安375.1mm（2天）
56	D20056	九龙低涡源地生消	7/7	降水区域有川西高原南部、攀西地区北部、云南西北部和四川省盆地地区西南部地区，降水日数为1天	四川喜德12.2mm（1天）

2020年西南低涡对我国降水影响简表（续-6）

序号	编号	简述活动的情况	西南低涡对我国降水的影响		
			时间（月/日）	概况	极值
57	D20057	盆地低涡东北行移出源地后继续东北行	7/10～7/16	降水区域有四川省盆地地区大部，甘肃南部，陕西中、南部，山西东北、南半部，河北中、南部，北京，辽宁、吉林、黑龙江南部，山东，河南，江苏，安徽北部，湖北西、北部，重庆，湖南、贵州北部地区，降水日数为1～3天。其中四川、重庆、甘肃、陕西、山东、江苏和安徽有成片降水量大于50mm的区域，存在三个降水中心，分别位于四川苍溪、重庆秀山和江苏赣榆，降水量分别为167.5mm、116.0mm和226.2mm	江苏赣榆 226.2mm（1天）
58	D20058	九龙低涡东行移出源地	7/14～7/15	降水区域有川西高原南部，攀西地区东部，四川省盆地地区西北、中、东北、西南、南部和重庆西、西南部地区，降水日数为1～2天。其中四川和重庆有成片降水量大于50mm的区域，降水中心位于重庆荣昌，降水量为171.8mm	重庆荣昌 171.8mm（1天）
59	D20059	九龙低涡源地生消	7/24～7/25	降水区域有川西高原中、南部和四川省盆地地区西南、南部地区，降水日数为1～2天	四川雅安 112.4mm（2天）
60	D20060	九龙低涡源地附近活动	8/11～8/12	降水区域有川西高原东、中、南部，攀西地区东部和四川省盆地地区西、中、东北部地区，降水日数为1～2天。其中四川有成片降水量大于50mm的区域，四川郫县为降水中心，降水量为306.6mm	四川郫县 306.6mm（2天）
61	D20061	九龙低涡源地生消	8/13	降水区域有川西高原西、东部，攀西地区大部，四川省盆地地区西南、南部和云南西、中、北部地区，降水日数为1天。其中四川和云南有成片降水量大于50mm的区域，四川筠连为降水中心，降水量为137.3mm	四川筠连 137.3mm（1天）
62	D20062	盆地低涡源地附近活动	8/13～8/14	降水区域有川西高原东部，四川省盆地地区大部，重庆西北、东北部，贵州北部和云南东北部地区，降水日数为1～2天	四川蓬溪 228.9mm（2天）
63	D20063	九龙低涡源地生消	8/15～8/16	降水区域有川西高原中、东、南部，四川省盆地地区西、中部和云南西北部地区，降水日数为1～2天。其中四川有成片降水量大于50mm的区域，四川绵竹为降水中心，降水量为275.3mm	四川绵竹 275.3mm（2天）

2020年西南低涡对我国降水影响简表（续-7）

序号	编号	简述活动的情况	西南低涡对我国降水的影响		
			时间（月/日）	概况	极值
64	D20064	九龙低涡西南行移出源地后转东南行	8/16～8/19	降水区域有川西高原南部，攀西地区大部，四川省盆地地区西南、中、南部和云南大部地区，降水日数为1～4天。其中四川和云南有成片降水量大于50mm的区域，存在三个降水中心，分别位于云南华坪、四川眉山和云南保山隆阳，降水量分别为220.2mm、186.5mm和116.1mm	云南华坪220.2mm（4天）
65	D20065	九龙低涡西南行移出源地	8/30～8/31	降水区域有川西高原西、东、南部，攀西地区大部，四川省盆地地区西、中、南部，贵州西北部和云南大部地区，降雨日数为1～2天。其中四川和云南有成片降水量大于50mm的区域，存在两个降水中心，分别位于四川大邑和云南凤庆，降水量分别为266.3mm和134.3mm	四川大邑266.3mm（2天）
66	D20066	九龙低涡源地生消	9/11	降水区域有川西高原中、南部，攀西地区大部，四川省盆地地区西南部和云南东、北部地区，降水日数为1天	云南晋宁77.5mm（1天）
67	D20067	九龙低涡东北行移出源地	9/16～9/17	降水区域有川西高原东、南部，攀西地区东、南部，四川省盆地地区大部，甘肃、陕西南部，重庆大部，湖北西部和贵州、云南北部地区，降水日数为1～2天	四川宁南46.4mm（1天）
68	D20068	盆地低涡东行移出源地后转东北行	9/21～9/26	降水区域有四川省盆地地区西北、东北、中部，陕西南部，重庆，湖北，河南中、南部，安徽，江苏中、南部，上海，浙江，江西，湖南北部和贵州东北部地区，降水日数为1～2天	湖北宣恩38.7mm（1天）
69	D20069	盆地低涡东南行移出源地	9/25～9/26	降水区域有四川省盆地地区西北、中、东北，重庆、湖南大部，陕西南部，湖北西、中、南部，江西中、西部和贵州东部地区，降水日数为1～2天	湖南南岳76.1mm（1天）
70	D20070	小金低涡源地生消	9/30～10/1	降水区域有川西高原东部，四川省盆地地区西部和甘肃、陕西南部地区，降水日数为1～2天	四川名山22.6mm（2天）
71	D20071	盆地低涡渐东行	10/2～10/3	降水区域有四川省盆地地区西北、东北、中、南部，甘肃、陕西南部，河南西、南部，湖北中、西部和重庆大部地区，降水日数为1～2天。其中湖北和重庆有成片降水量大于50mm的区域，降水中心位于重庆巫山，降水量为102.8mm	重庆巫山102.8mm（2天）

2020年西南低涡对我国降水影响简表（续-8）

序号	编号	简述活动的情况	西南低涡对我国降水的影响		
			时间（月/日）	概况	极值
72	D20072	盆地低涡源地生消	10/4	降水区域有四川省盆地地区西北、东北、中、南部，甘肃、陕西南部，湖北西部和重庆西北、东北、中、东南部地区，降水日数为1天	甘肃康县 26.3mm（1天）
73	D20073	盆地低涡东北行移出源地后继续东北行	10/5～10/7	降水区域有川西高原东部，四川省盆地地区西北、东北、中、南部，甘肃、陕西南部，重庆西北、中、东北、南部，河南西部，安徽南部和湖北中、西部地区，降水日数为1～2天	甘肃康县 26.3mm（1天）
74	D20074	盆地低涡南行转西南行	10/11～10/12	降水区域有四川省盆地地区西北、东北、中、南部，重庆西北、中、东北部，贵州北部和湖北西部地区，降水日数为1～2天	四川宣汉 12.8mm（1天）
75	D20075	盆地低涡源地生消	10/14～10/15	降水区域有四川省盆地地区东北、中、南部，陕西南部和重庆西北、东北部地区，降水日数为1～2天	重庆忠县 27.0mm（1天）
76	D20076	盆地低涡东北行	10/17～10/18	降水区域有四川省盆地地区西南、西北、东北、中、南部，重庆西南、中部和贵州北部地区，降水日数为1～2天	四川龙泉 14.5mm（1天）
77	D20077	盆地低涡北行	10/26～10/28	降水区域有川西高原南部，四川省盆地地区东北、南部，重庆西北、中、东北、南部，甘肃、陕西南部，湖北西部和贵州北部地区，降水日数为1～2天	陕西宁强 13.2mm（2天）
78	D20078	盆地低涡源地生消	11/3	降水区域有四川省盆地地区东北、中部，重庆西南、东南部，湖南西部和贵州东北部地区，降水日数为1天	四川蓬溪 23.0mm（1天）
79	D20079	盆地低涡源地生消	12/2	降水区域有四川省盆地地区西北部，甘肃、陕西南部和重庆西北部地区，降水日数为1天	四川北川 5.2mm（1天）
80	D20080	盆地低涡源地生消	12/11	降水区域有川西高原东部、四川省盆地地区西南部和重庆中部个别地区，降水日数为1天	四川邛崃 0.4mm（1天）

2020年西南低涡对我国降水影响简表（续-9）

序号	编号	简述活动的情况	西南低涡对我国降水的影响		
			时间（月/日）	概况	极值
81	D20081	盆地低涡源地生消	12/13	降水区域有四川省盆地地区西北、东北、中、南部和重庆西南部地区，降水日数为1天	重庆江津 7.7mm（1天）
82	D20082	盆地低涡源地生消	12/15~12/16	降水区域有四川省盆地地区西北、东北、中、南部，重庆西南部和贵州北部地区，降水日数为1~2天	四川遂宁 4.1mm（2天）
83	D20083	九龙低涡源地生消	12/16	降水区域有川西高原东部，四川省盆地地区西北、西南、中、南部和贵州、云南北部地区，降水日数为1天	四川泸县 9.1mm（1天）
84	D20084	盆地低涡源地生消	12/18	降水区域有四川省盆地地区西南、南部和贵州、云南北部地区，降水日数为1天	四川屏山 3.4mm（1天）
85	D20085	九龙低涡源地附近活动	12/22~12/23	降水区域有川西高原东部个别地区，四川省盆地地区南部，贵州西部和云南东北部地区，降水日数为1天	贵州水城 1.3mm（1天）
86	D20086	九龙低涡源地生消	12/24	降水区域有四川省盆地地区南部个别地区，降水日数为1天	四川高县 0.1mm（1天）
87	D20087	盆地低涡源地生消	12/26	降水区域有川西高原东部个别地区，四川省盆地地区南部，贵州西北部，云南东北部和重庆中、西南部地区，降水日数为1天	贵州仁怀 3.1mm（1天）
88	D20088	盆地低涡南行	12/28~12/29	降水区域有四川省盆地地区东北部，陕西南部，重庆北、中、西南部和湖北西部地区，降水日数为1~2天	重庆黔江 24.1mm（2天）

2020年西南低涡编号、名称、日期对照表

未移出源地的九龙低涡			移出源地的九龙低涡
④ D20004 石棉，Shimian	㊵ D20040 冕宁，Mianning	㊿ D20066 木里，Muli	㊱ D20036 天全，Tianquan
1/11	5/20	9/11	5/8～5/9
⑦ D20007 荥经，Yingjing	㊶ D20041 泸定，Luding	㊼ D20083 汉源，Hanyuan	㊳ D20038 盐源，Yanyuan
1/30	5/24	12/16	5/16～5/17
⑨ D20009 盐源，Yanyuan	㊼ D20047 康定，Kangding	㊽ D20085 泸定，Luding	㊾ D20049 玉龙，Yulong
2/3	6/10	12/22～12/23	6/13～6/14
⑩ D20010 九龙，Jiulong	㊿ D20050 木里，Muli	㊻ D20086 石棉，Shimian	㊽ D20058 汉源，Hanyuan
2/8	6/17	12/24	7/14～7/15
⑬ D20013 雅江，Yajiang	㊽ D20056 九龙，Jiulong		㊿ D20064 木里，Muli
2/15	7/7		8/16～8/19
⑮ D20015 泸定，Luding	㊾ D20059 泸定，Luding		㊿ D20065 泸定，Luding
2/28～2/29	7/24		8/30～8/31
⑳ D20020 木里，Muli	㊿ D20060 石棉，Shimian		㊿ D20067 木里，Muli
3/9～3/10	8/11～8/12		9/16
㉕ D20025 木里，Muli	㊶ D20061 大姚，Dayao		
4/4～4/5	8/13		
㉗ D20027 盐源，Yanyuan	㊷ D20063 天全，Tianquan		
4/6～4/7	8/15		

2020年西南低涡编号、名称、日期对照表（续-1）

未移出源地的小金低涡	移出源地的小金低涡
② D20002 松潘，Songpan	⑤ D20005 红原，Hongyuan
1/8	1/17～1/18
㉚ D20030 松潘，Songpan	㉙ D20029 松潘，Songpan
4/18	4/15～4/16
⑦⓪ D20070 松潘，Songpan	㊻ D20046 松潘，Songpan
9/30	6/7～6/8

2020年西南低涡编号、名称、日期对照表（续-2）

未移出源地的四川盆地低涡			移出源地的四川盆地低涡
① D20001 梓潼，Zitong	⑱ D20018 船山，Chuanshan	㉝ D20033 合江，Hejiang	㉒ D20022 渠县，Quxian
1/2～1/3	3/4	4/24～4/25	3/27
③ D20003 梓潼，Zitong	⑲ D20019 宣汉，Xuanhan	㉞ D20034 梁平，Liangping	㊴ D20039 南部，Nanbu
1/9～1/10	3/8	5/4	5/20～5/21
⑥ D20006 中江，Zhongjiang	㉑ D20021 嘉陵，Jialing	㉟ D20035 游仙，Youxian	(51) D20051 通江，Tongjiang
1/22～1/25	3/13	5/7	6/20～6/26
⑧ D20008 北川，Beichuan	㉓ D20023 垫江，Dianjiang	㊲ D20037 潼南，Tongnan	(55) D20055 嘉陵，Jialing
2/1～2/2	3/30	5/14	7/5～7/9
⑪ D20011 荣县，Rongxian	㉔ D20024 西充，Xichong	㊷ D20042 邻水，Linshui	(57) D20057 盐亭，Yanting
2/11	4/4～4/5	5/28	7/10～7/16
⑫ D20012 昭化，Zhaohua	㉖ D20026 武胜，Wusheng	㊸ D20043 资中，Zizhong	(68) D20068 平武，Pingwu
2/14	4/6～4/7	5/31	9/21～9/26
⑭ D20014 安岳，Anyue	㉘ D20028 邻水，Linshui	㊹ D20044 铜梁，Tongliang	(69) D20069 武胜，Wusheng
2/25	4/13	6/2	9/25～9/26
⑯ D20016 仪陇，Yilong	㉛ D20031 仪陇，Yilong	㊺ D20045 丰都，Fengdu	(73) D20073 南部，Nanbu
3/1	4/20～4/21	6/4	10/5～10/7
⑰ D20017 恩阳，Enyang	㉜ D20032 安居，Anju	㊽ D20048 忠县，Zhongxian	
3/3	4/22～4/23	6/12～6/13	

2020年西南低涡编号、名称、日期对照表（续-3）

未移出源地的四川盆地低涡	
(52) D20052 井研，Jingyan	(77) D20077 蓬溪，Pengxi
6/26～6/28	10/26～10/27
(53) D20053 嘉陵，Jialing	(78) D20078 荣昌，Rongchang
6/29～7/2	11/3
(54) D20054 江津，Jiangjin	(79) D20079 阆中，Langzhong
7/3	12/2
(62) D20062 射洪，Shehong	(80) D20080 剑阁，Jiange
8/13	12/11
(71) D20071 梓潼，Zitong	(81) D20081 梓潼，Zitong
10/2～10/3	12/13
(72) D20072 西充，Xichong	(82) D20082 荣昌，Rongchang
10/4	12/15
(74) D20074 苍溪，Cangxi	(84) D20084 顺庆，Shunqing
10/11～10/12	12/18
(75) D20075 梓潼，Zitong	(87) D20087 射洪，Shehong
10/14	12/26
(76) D20076 资中，Zizhong	(88) D20088 剑阁，Jiange
10/17～10/18	12/28～12/29

西南低涡降水及移动路径资料

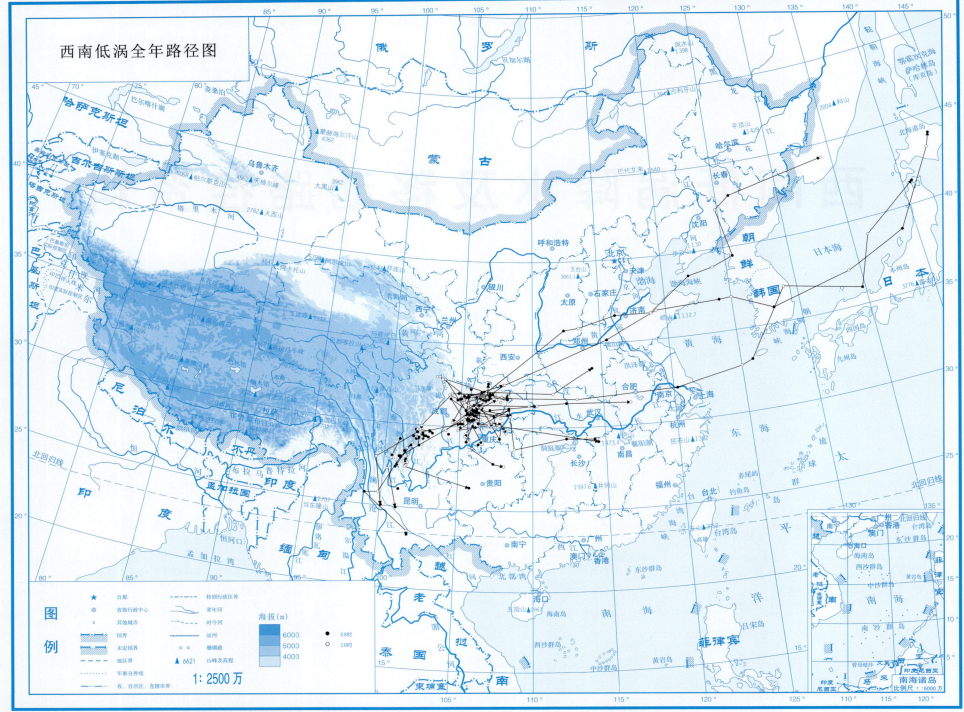

九龙低涡全年路径图

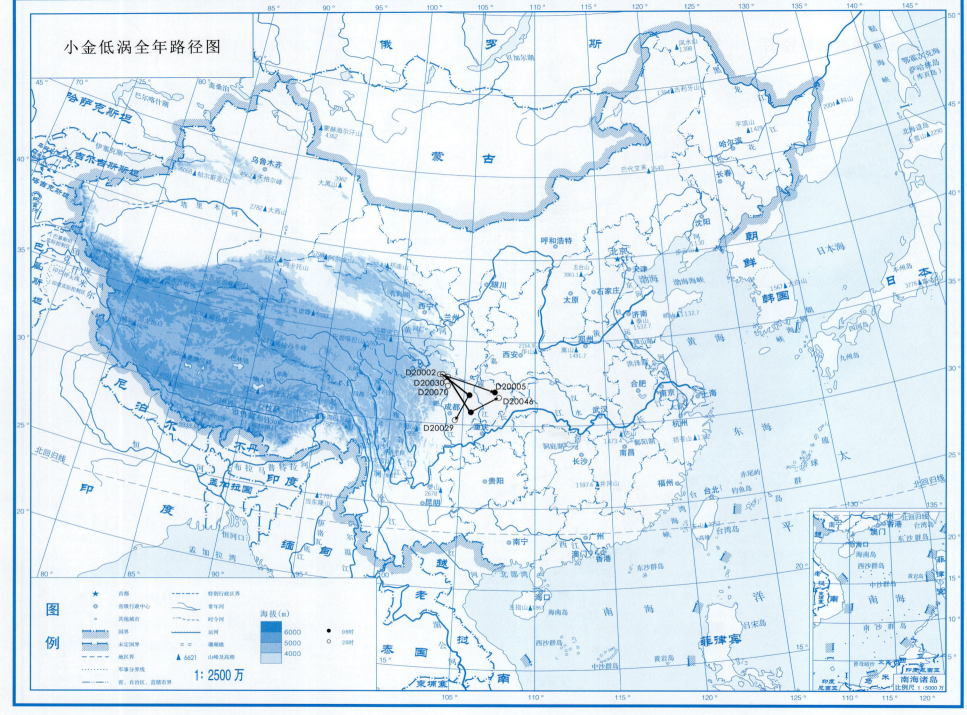

四川盆地低涡全年路径图

D20001	D20018	D20032	D20052	D20077
D20003	D20019	D20034	D20053	D20078
D20006	D20021	D20035	D20054	D20079
D20008	D20022	D20037	D20062	D20080
D20011	D20023	D20042	D20071	D20081
D20012	D20024	D20043	D20072	D20082
D20014	D20026	D20044	D20074	D20084
D20016	D20028	D20045	D20075	D20087
D20017	D20031	D20048	D20076	D20088

比例尺 1:2500万

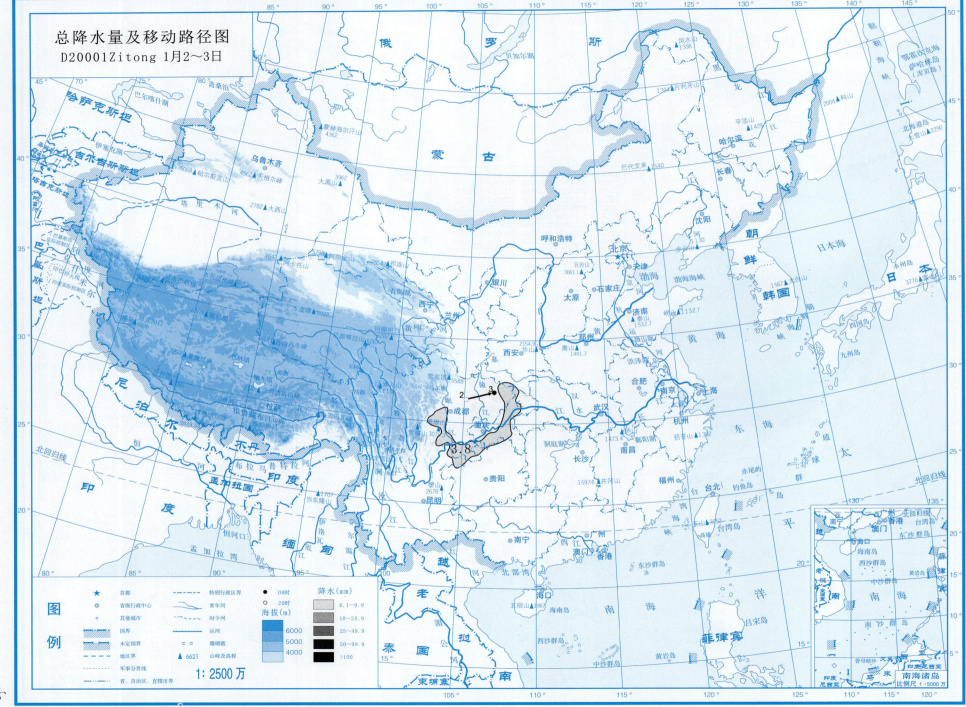

总降水日数图
D20001Zitong 1月2～3日

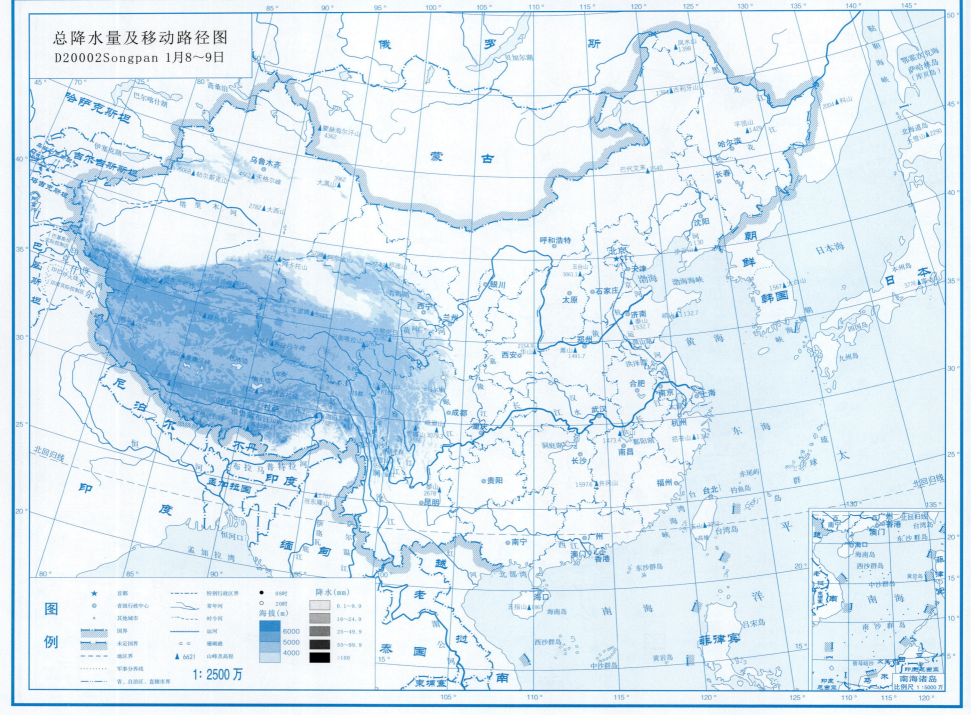

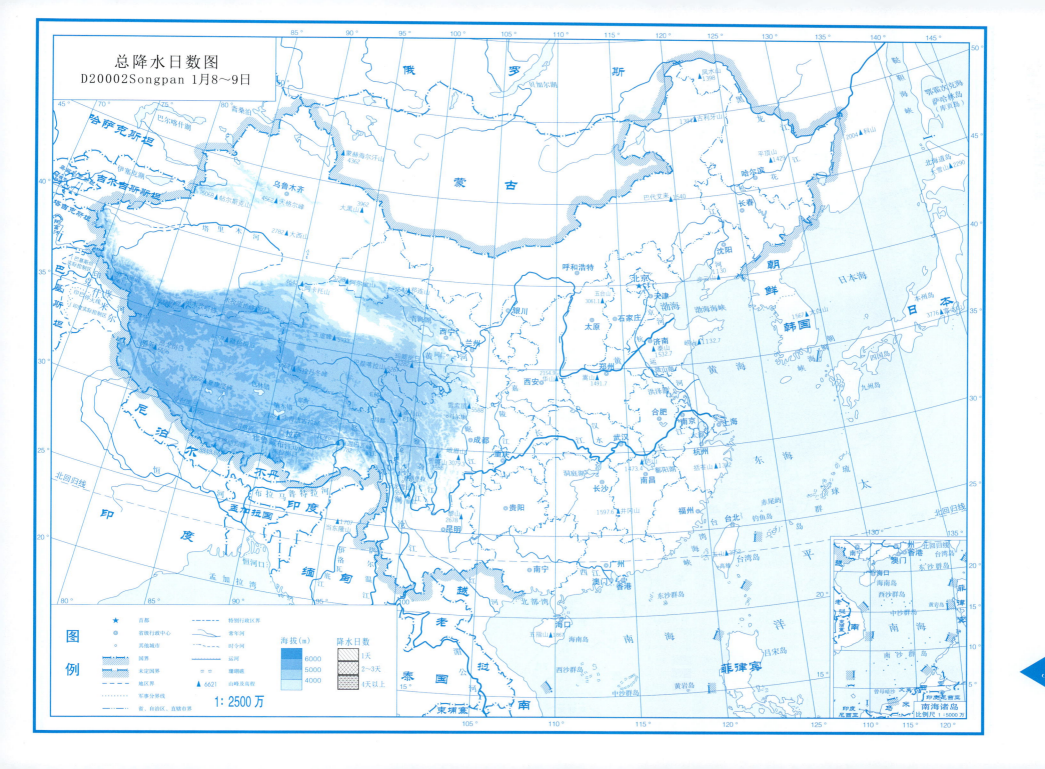

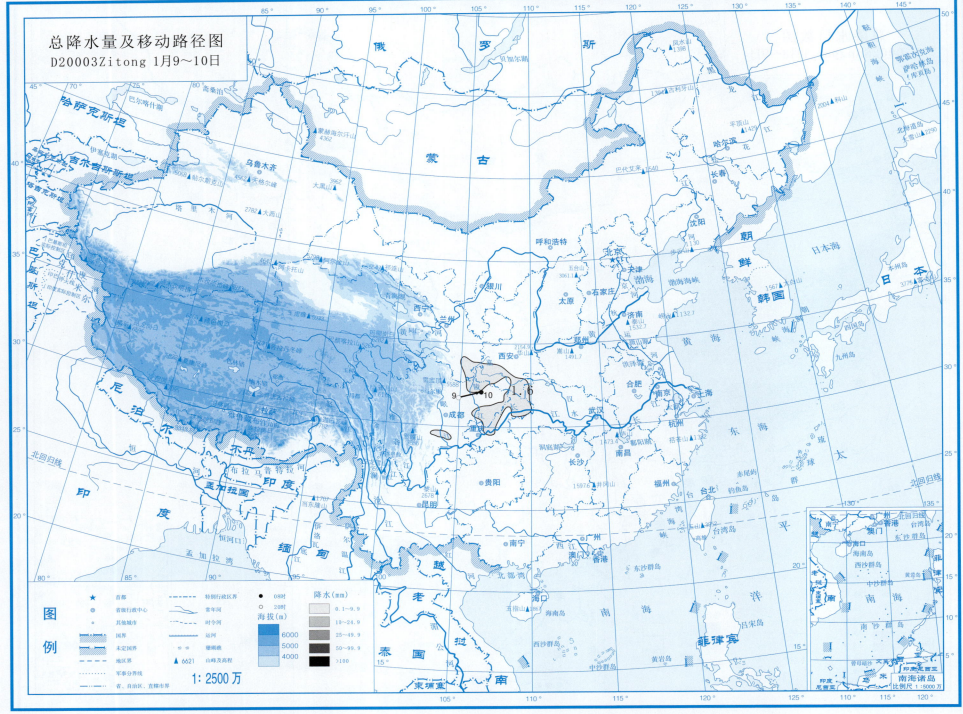

总降水日数图
D20003Zitong 1月9~10日

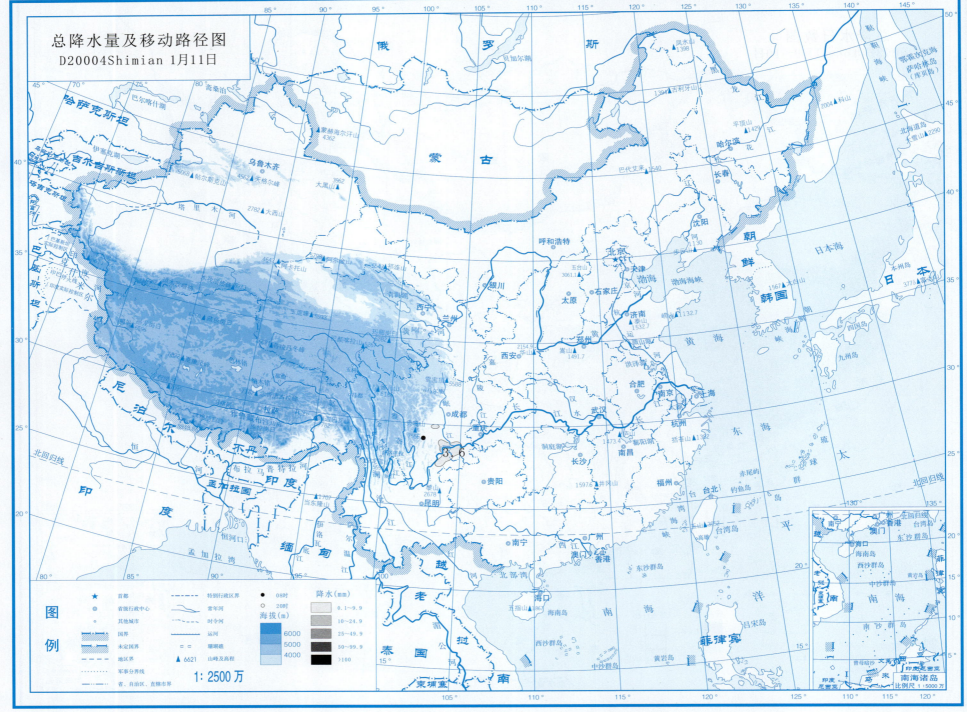

总降水日数图

D20004Shimian 1月11日

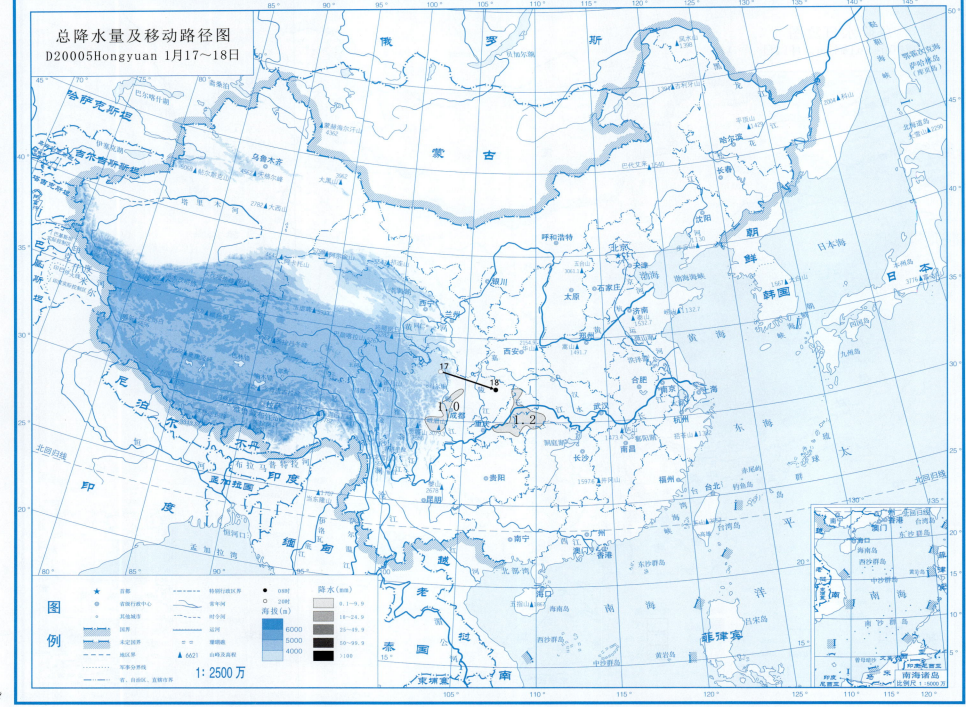

总降水日数图

D20005Hongyuan 1月17~18日

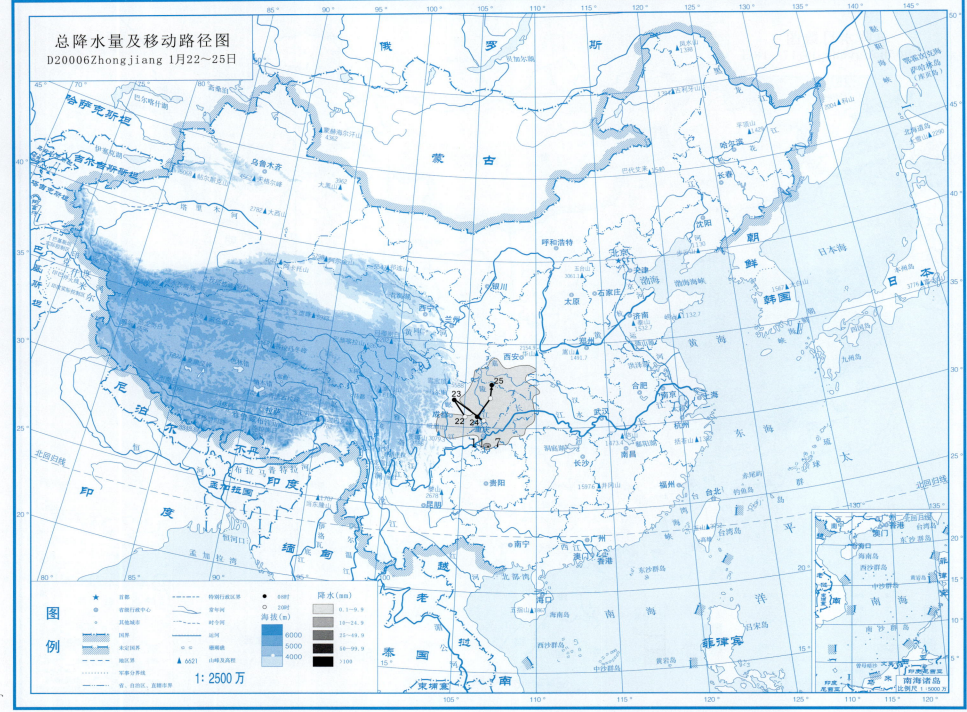

总降水日数图

D20006Zhongjiang 1月22～25日

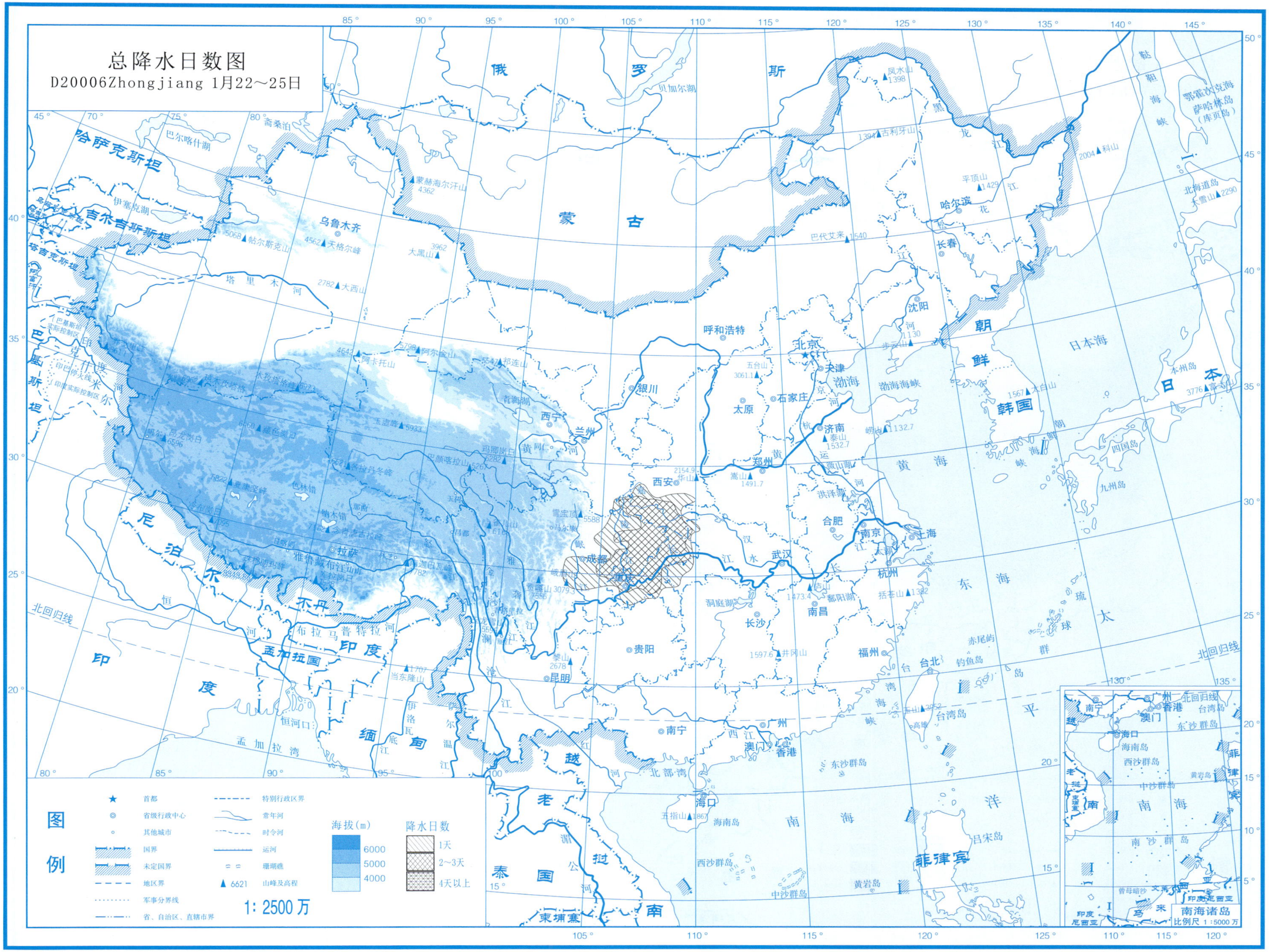

图例

- ★ 首都
- ◎ 省级行政中心
- ○ 其他城市
- 国界
- 未定国界
- 地区界
- 军事分界线
- 省、自治区、直辖市界
- 特别行政区界
- 常年河
- 时令河
- 运河
- 珊瑚礁
- ▲6621 山峰及高程

海拔(m): 6000 / 5000 / 4000

降水日数:
- 1天
- 2～3天
- 4天以上

1:2500万

南海诸岛 比例尺 1:5000万

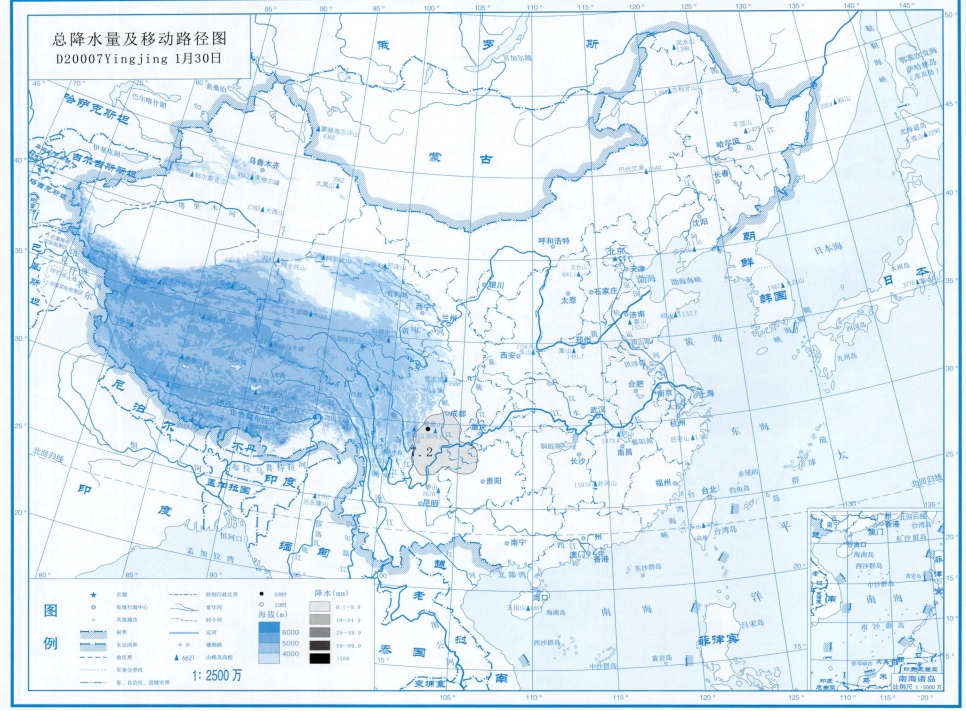

总降水日数图

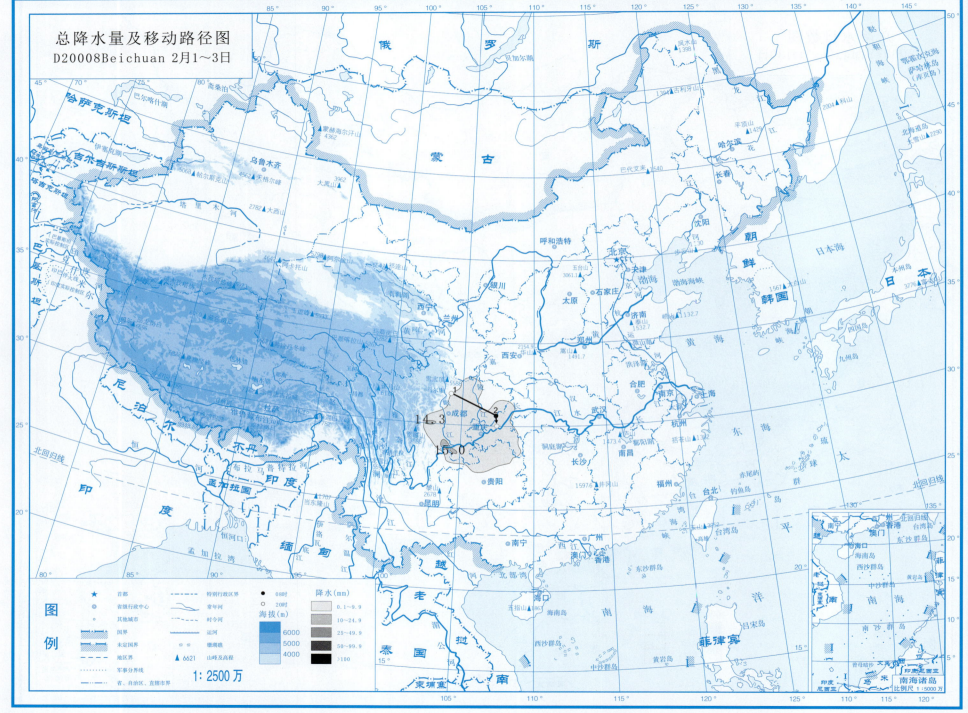

总降水日数图
D20008Beichuan 2月1～3日

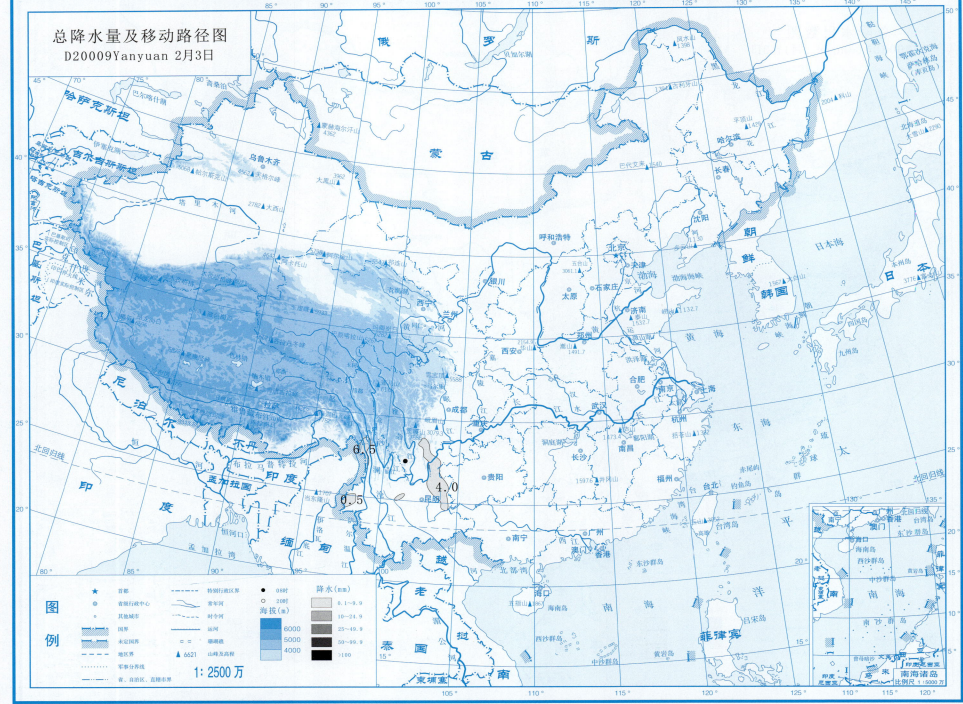

总降水日数图

D20009Yanyuan 2月3日

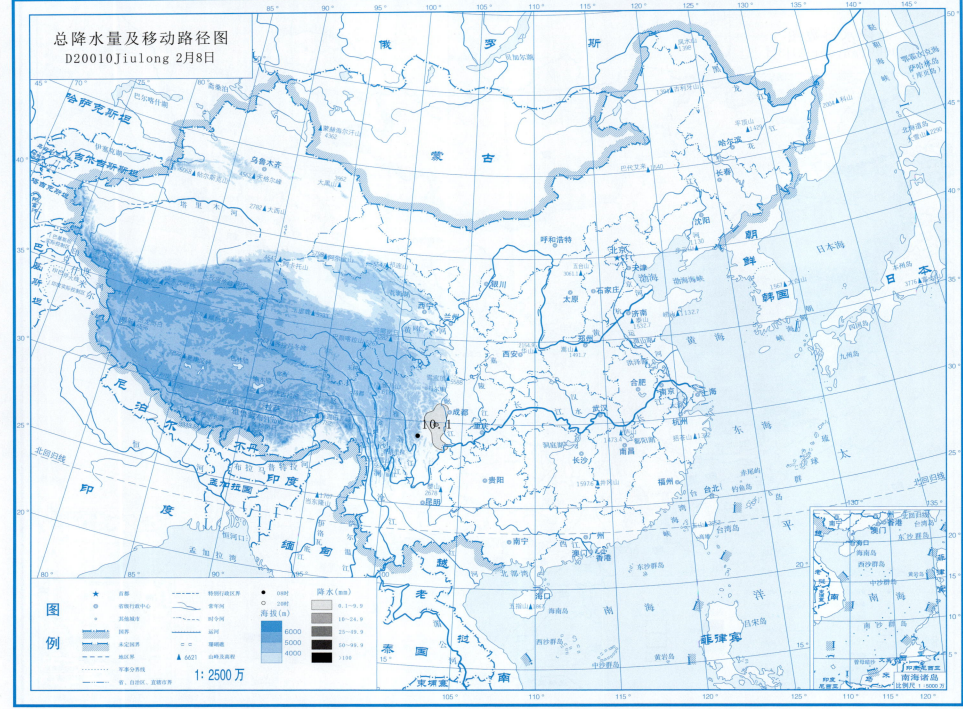

总降水日数图

D20010Jiulong 2月8日

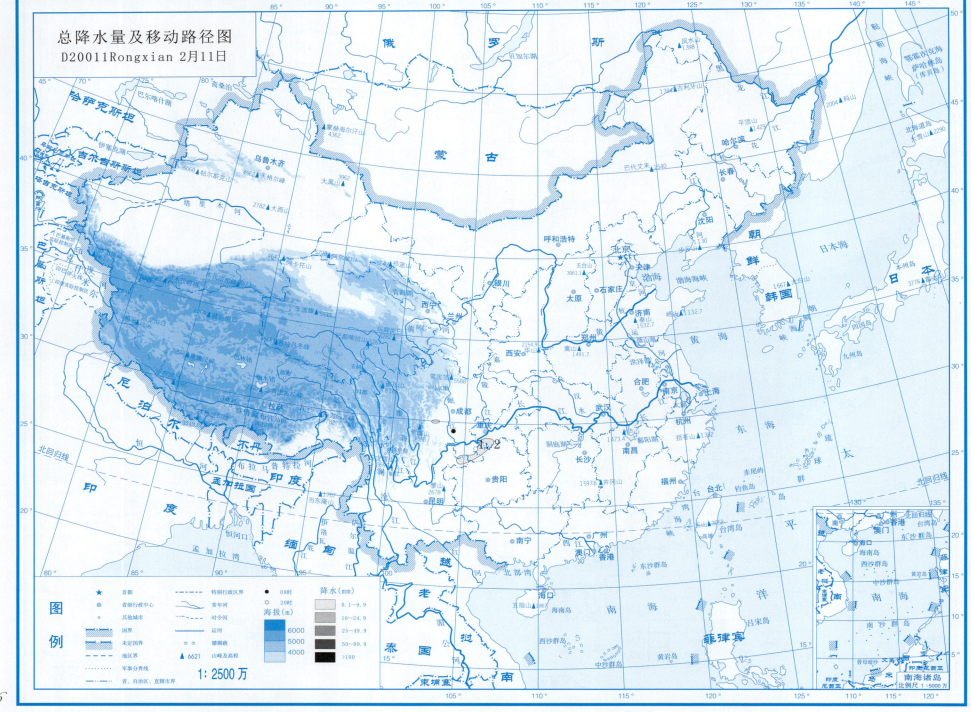

总降水日数图

D20011Rongxian 2月11日

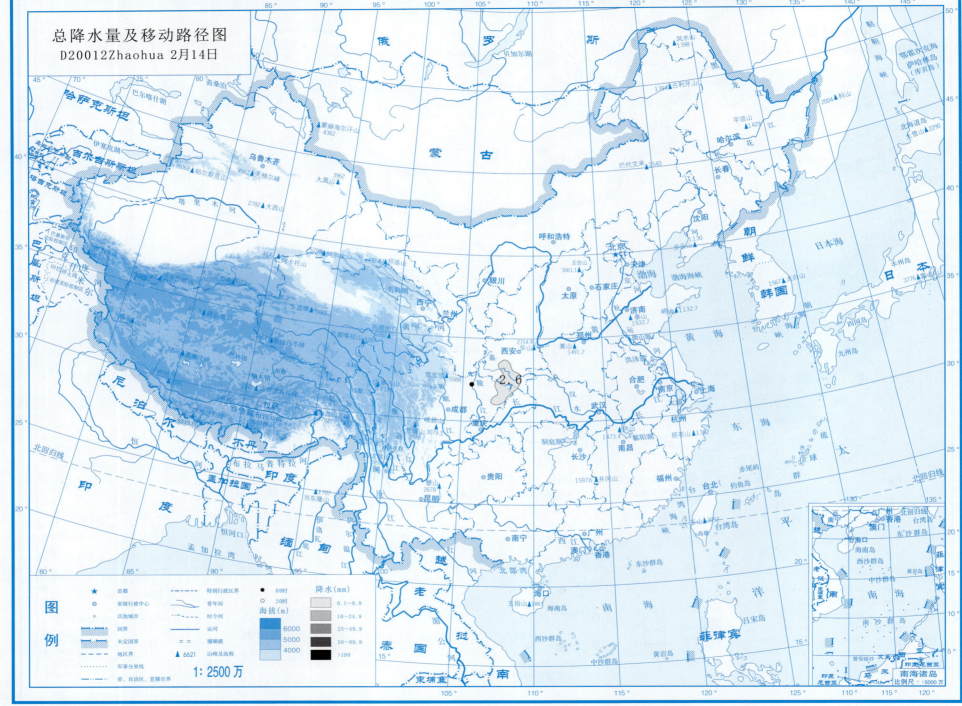

总降水日数图

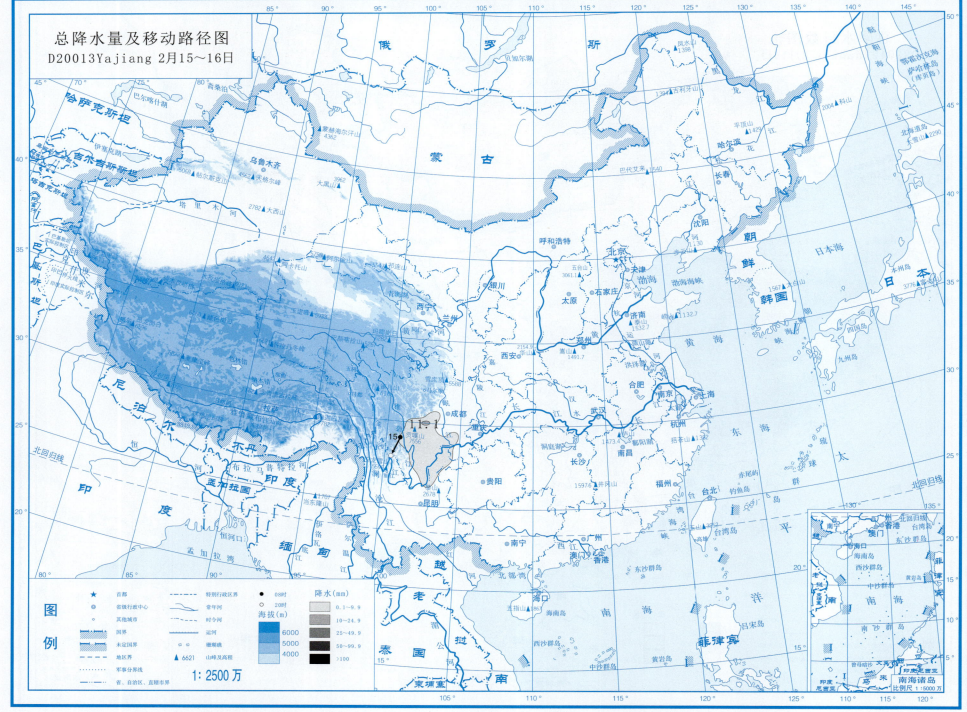

总降水日数图

D20013Yajiang 2月15～16日

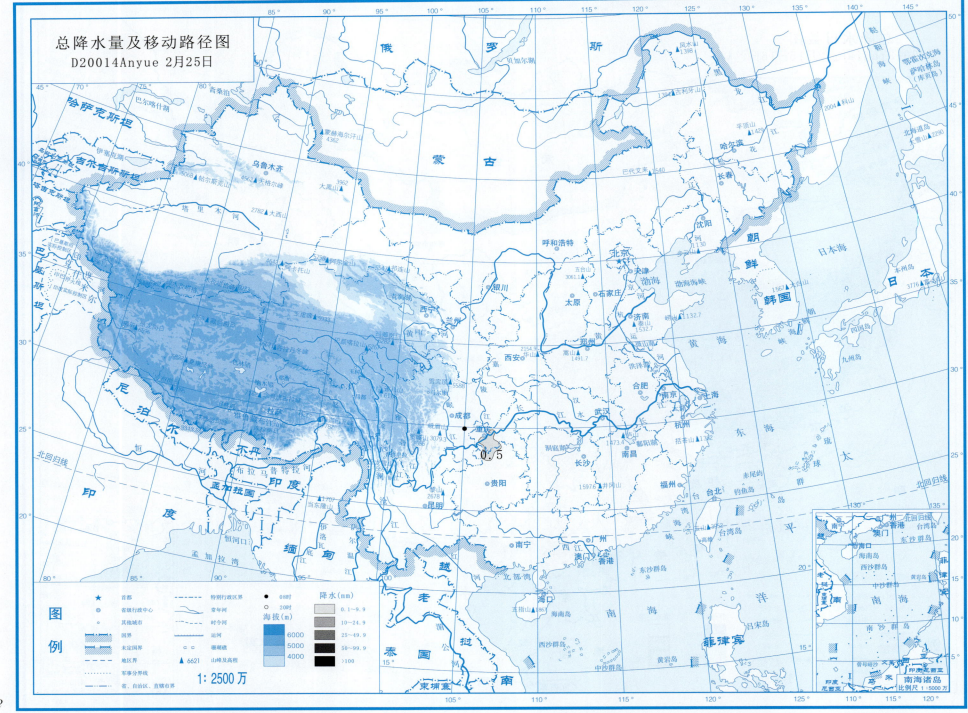

总降水日数图

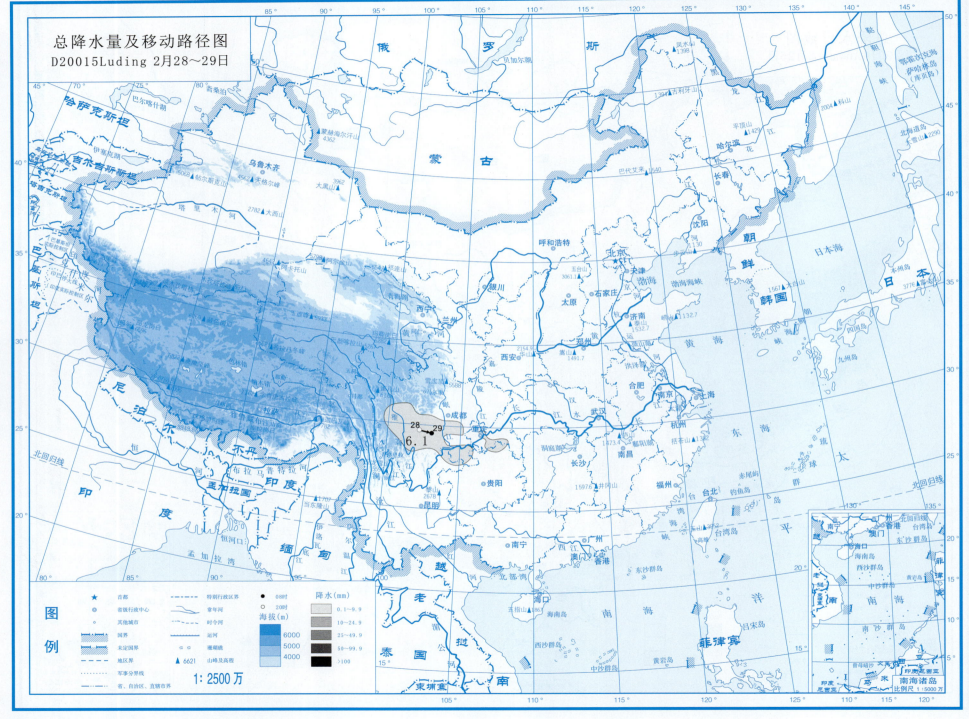

总降水日数图
D20015Luding 2月28～29日

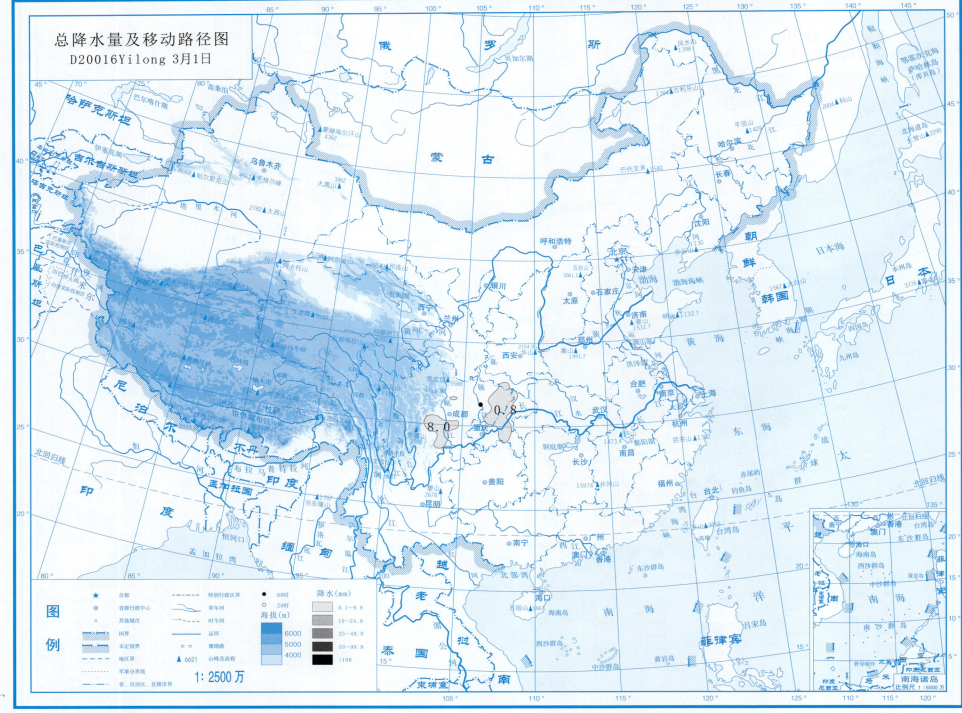

总降水日数图

D20016Yilong 3月1日

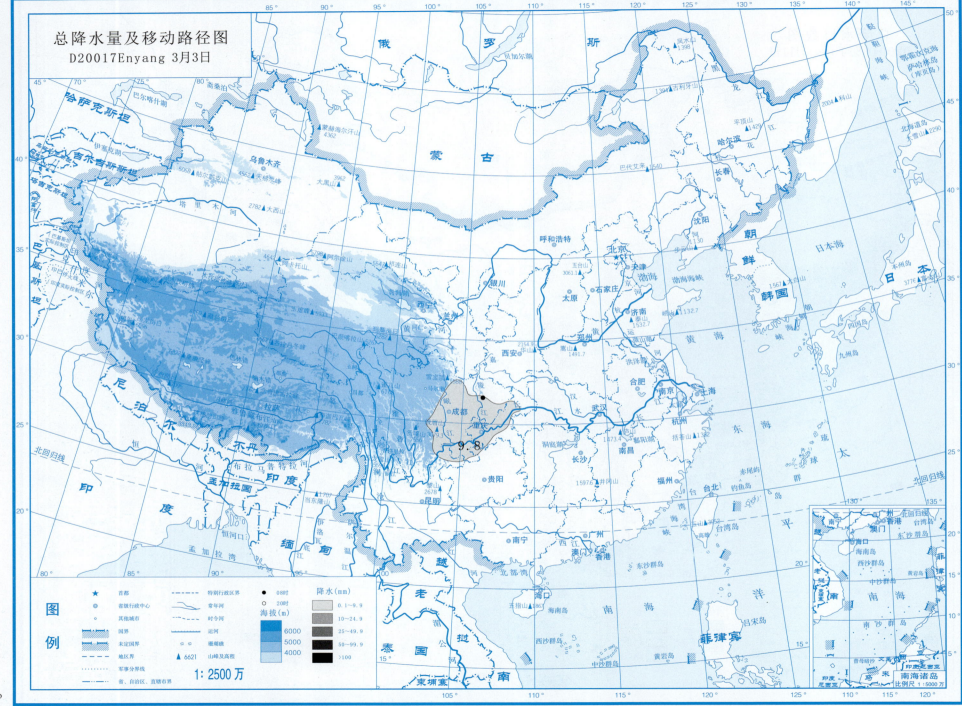

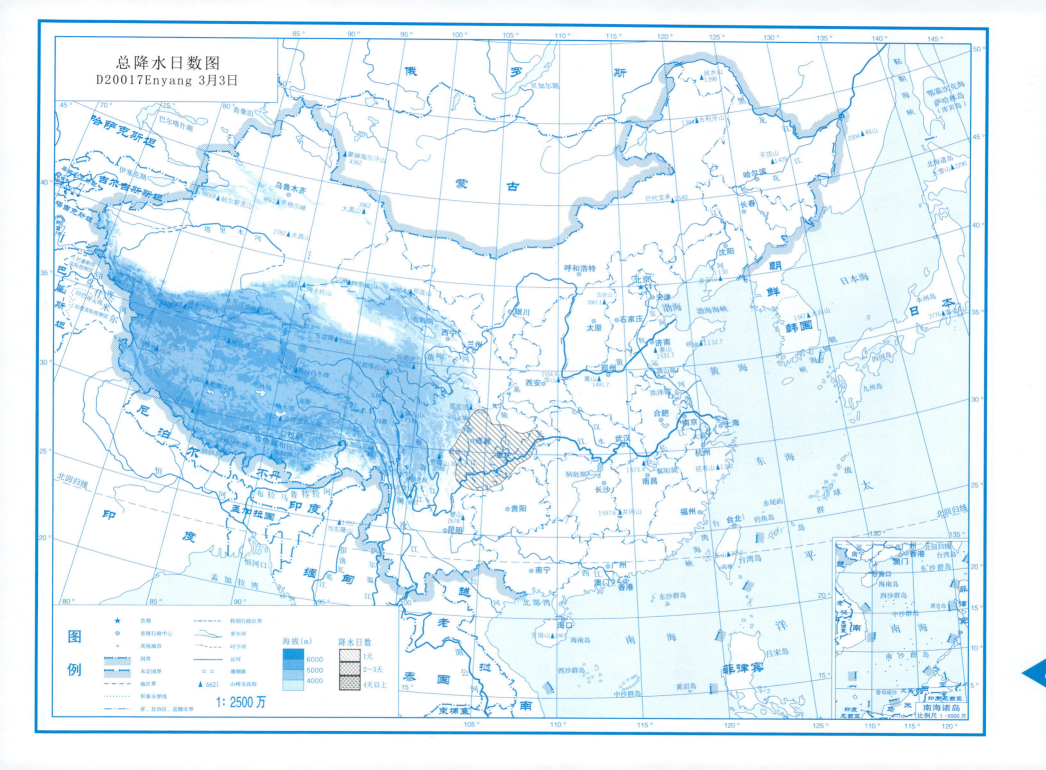

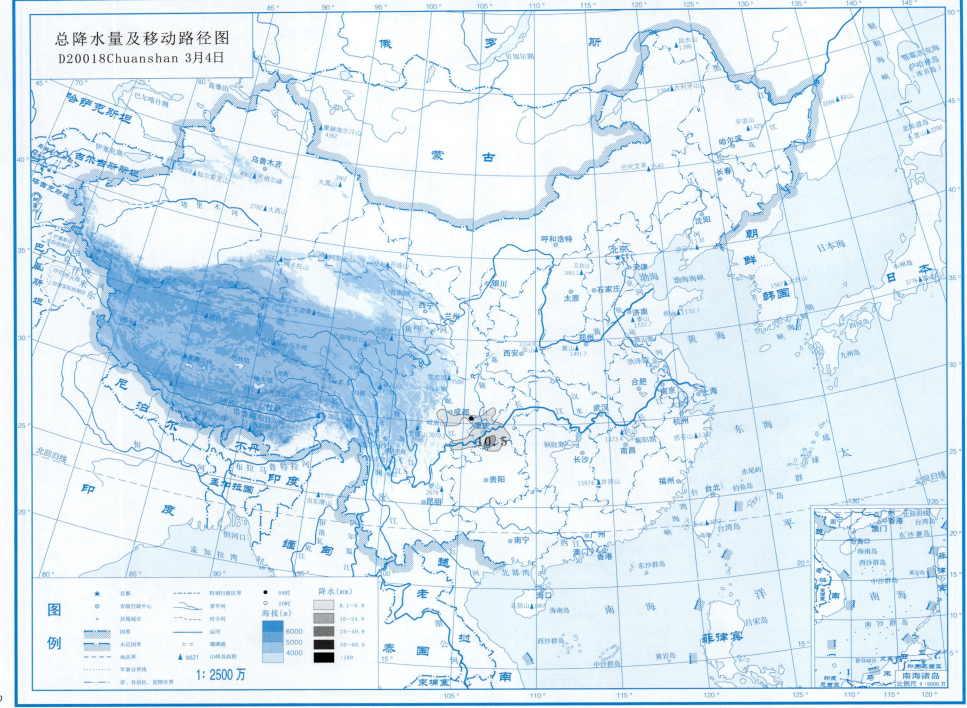

总降水日数图
D20018Chuanshan 3月4日

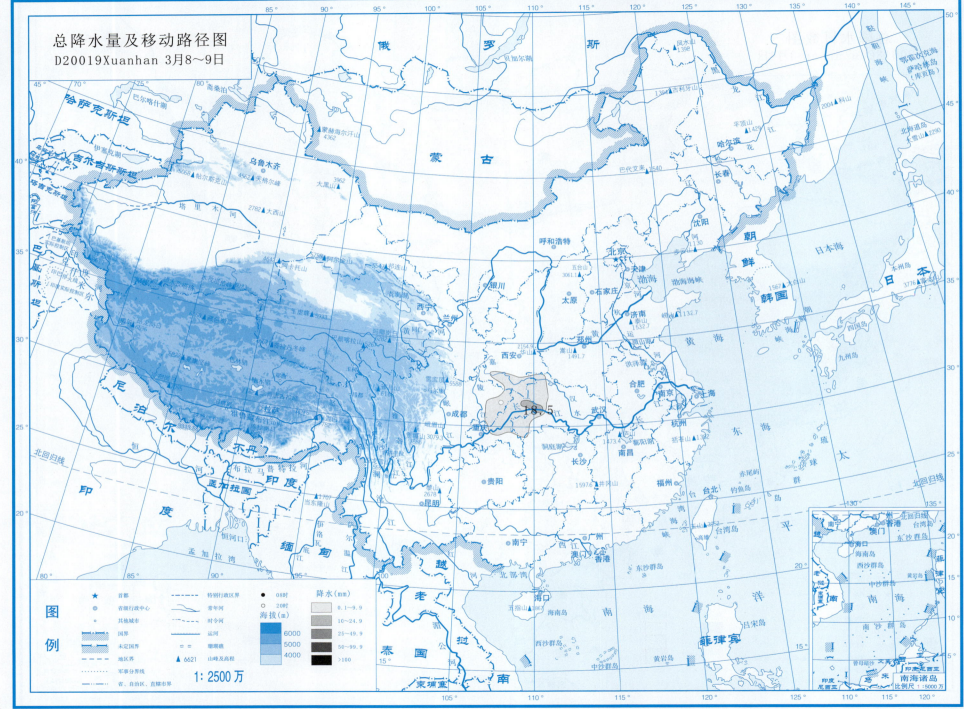

总降水日数图

D20019Xuanhan 3月8～9日

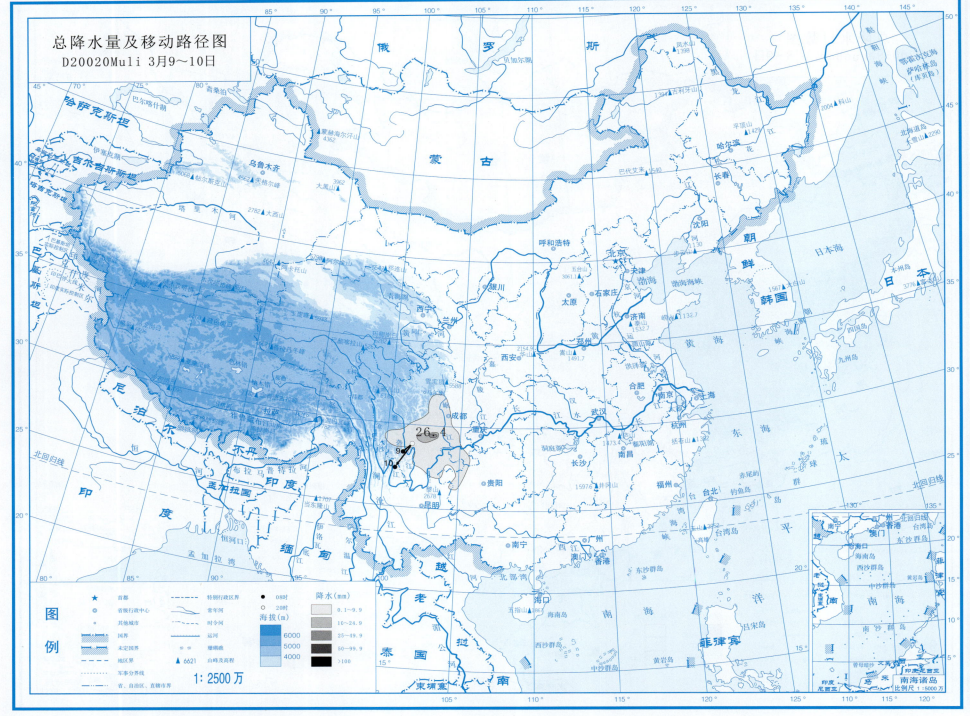

总降水日数图
D20020Muli 3月9~10日

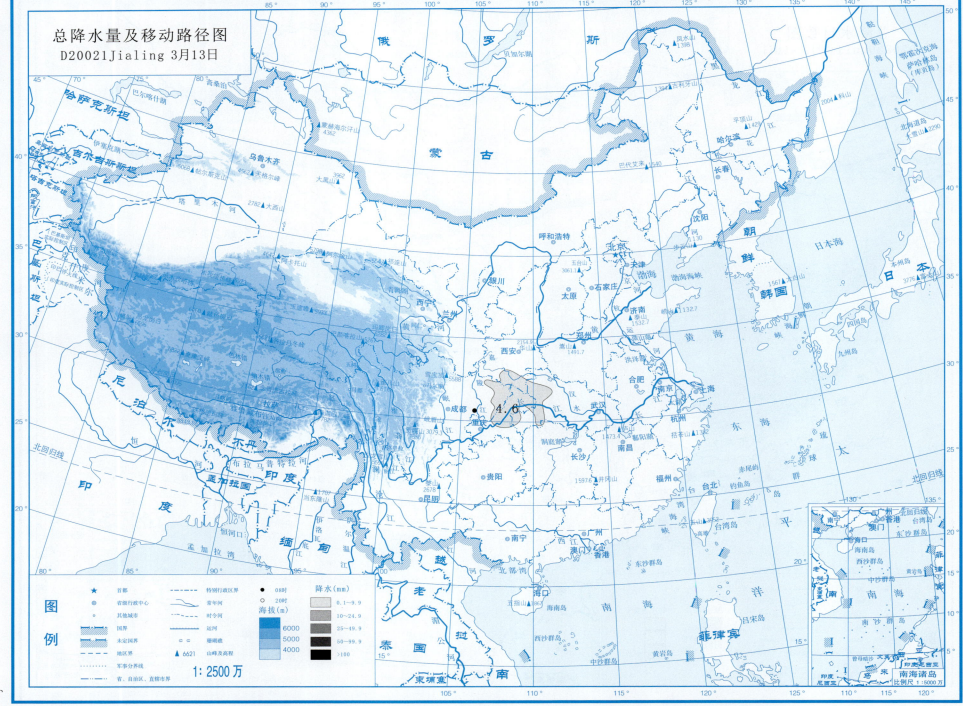

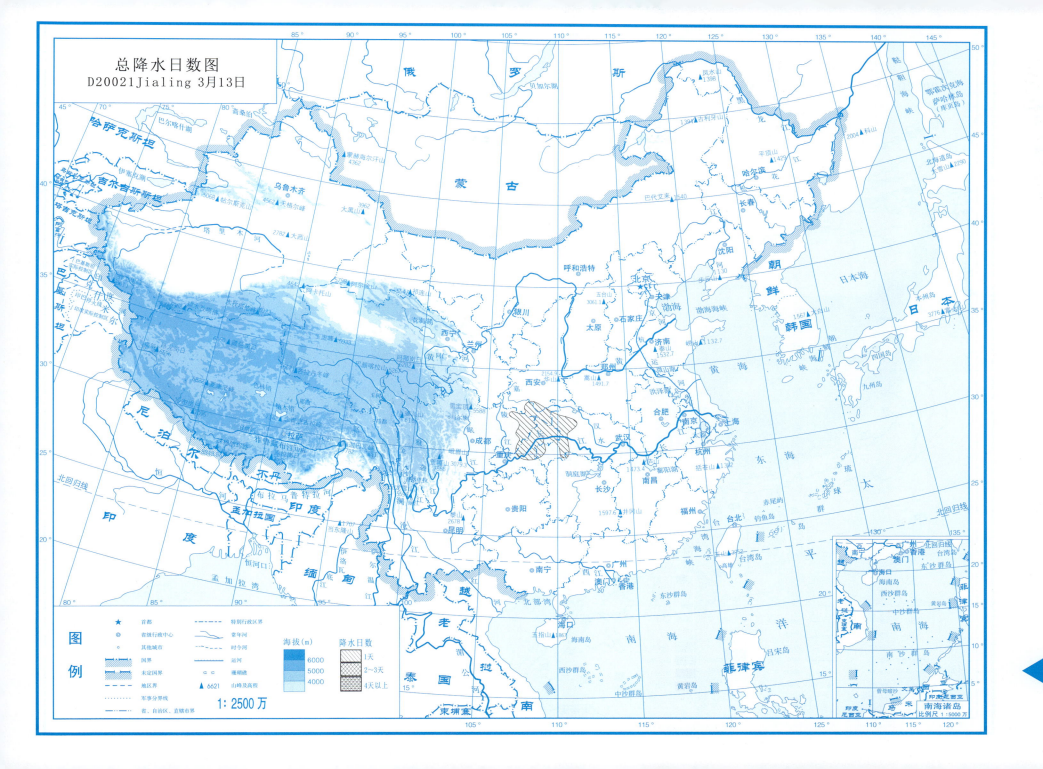

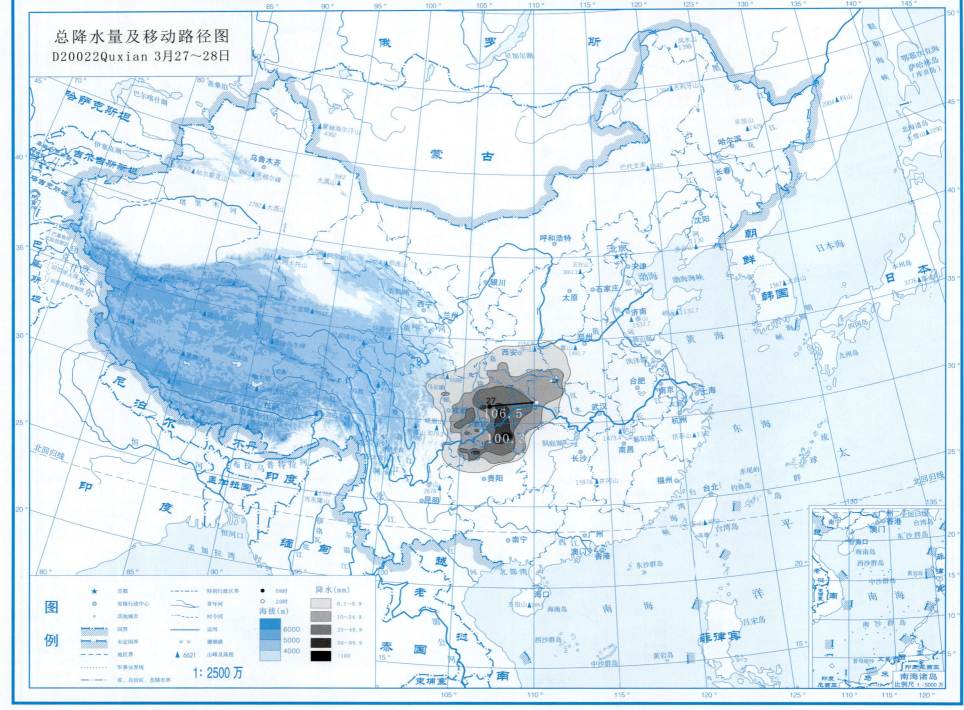

总降水日数图

D20022Quxian 3月27~28日

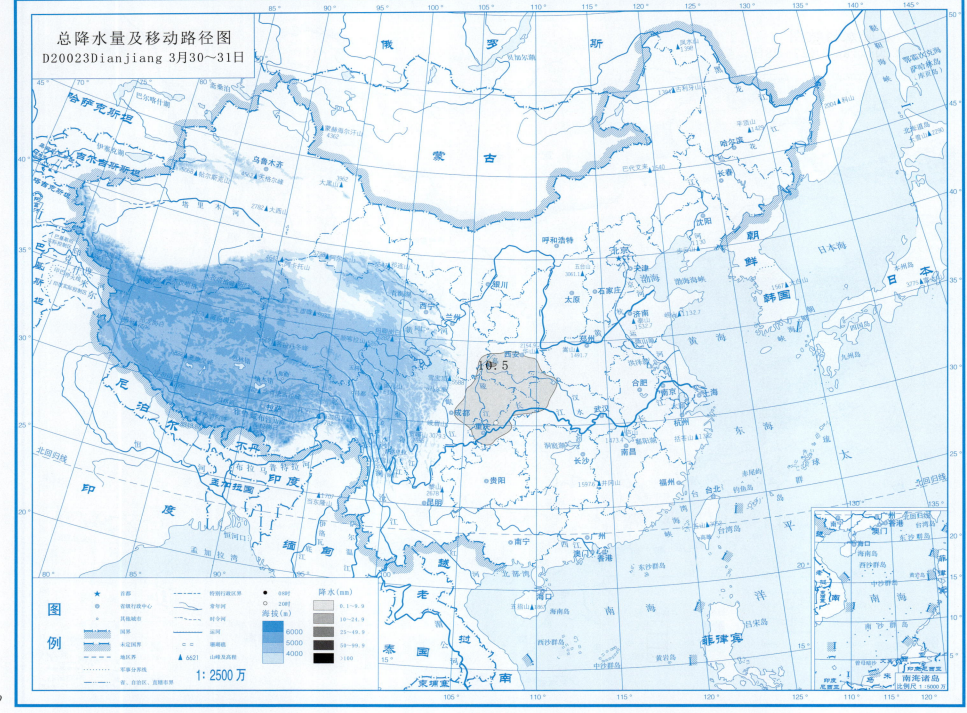

总降水日数图
D20023Dianjiang 3月30～31日

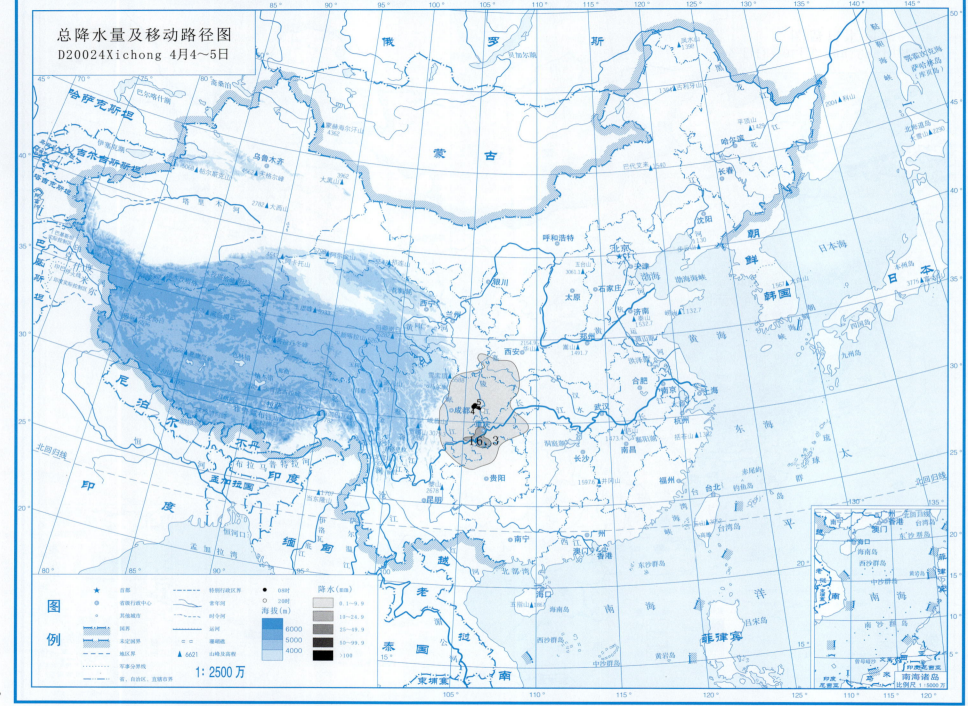

总降水日数图

D20024Xichong 4月4~5日

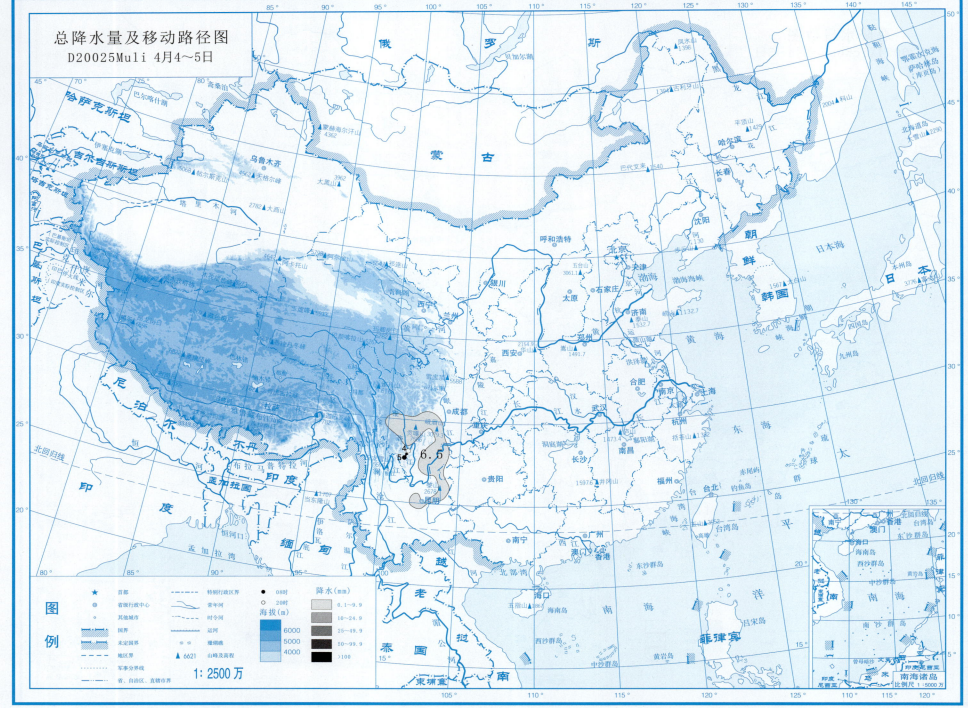

总降水日数图
D20025Muli 4月4~5日

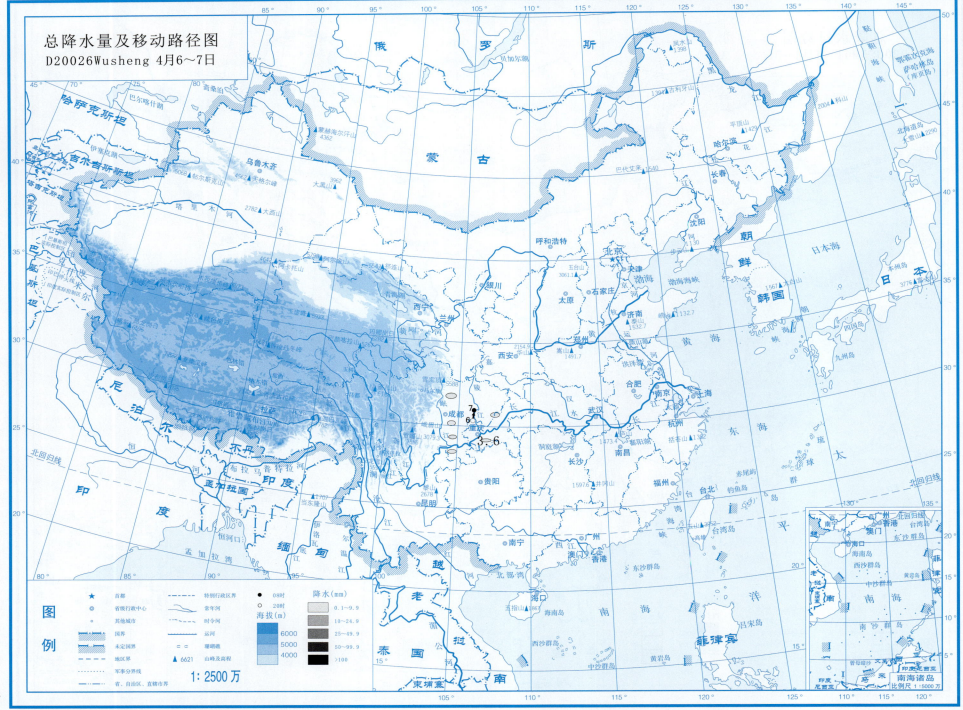

总降水日数图
D20026Wusheng 4月6~7日

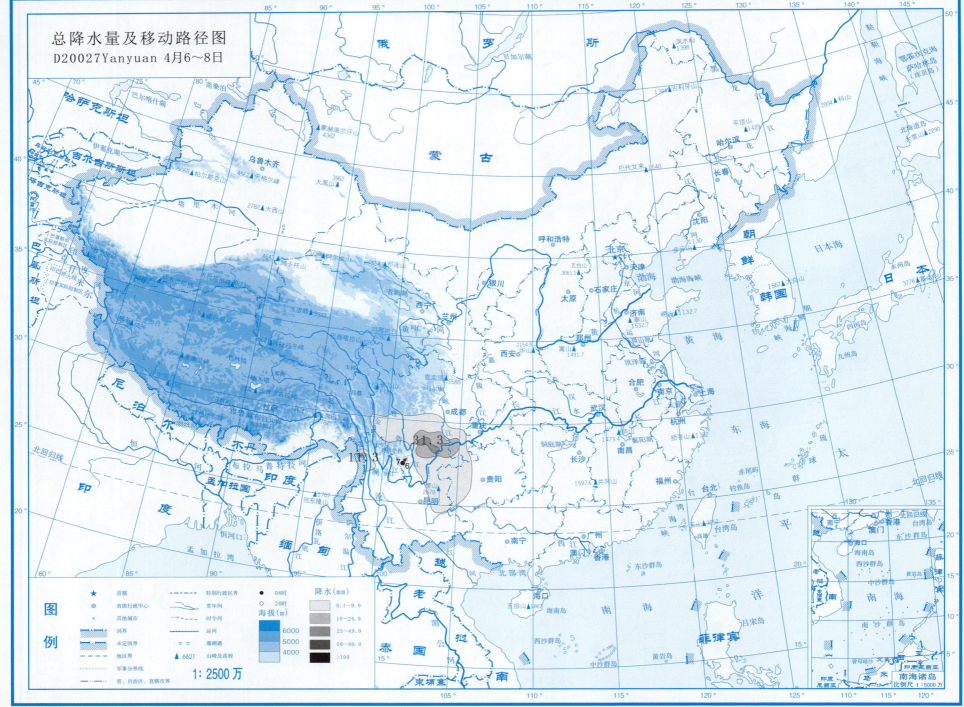

总降水日数图
D20027Yanyuan 4月6~8日

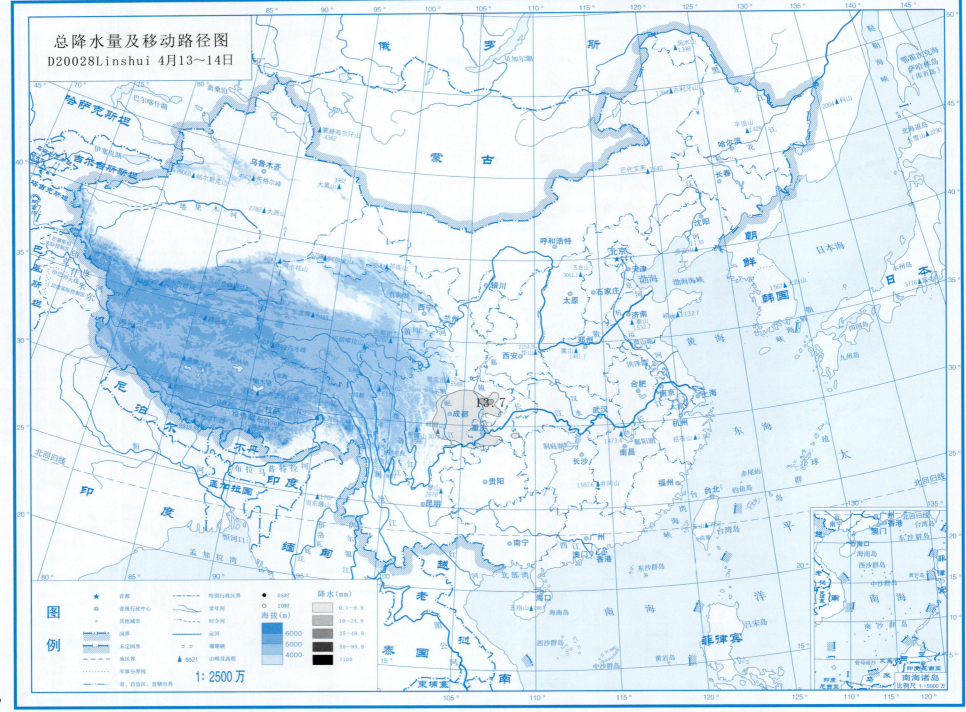

总降水日数图
D20028Linshui 4月13～14日

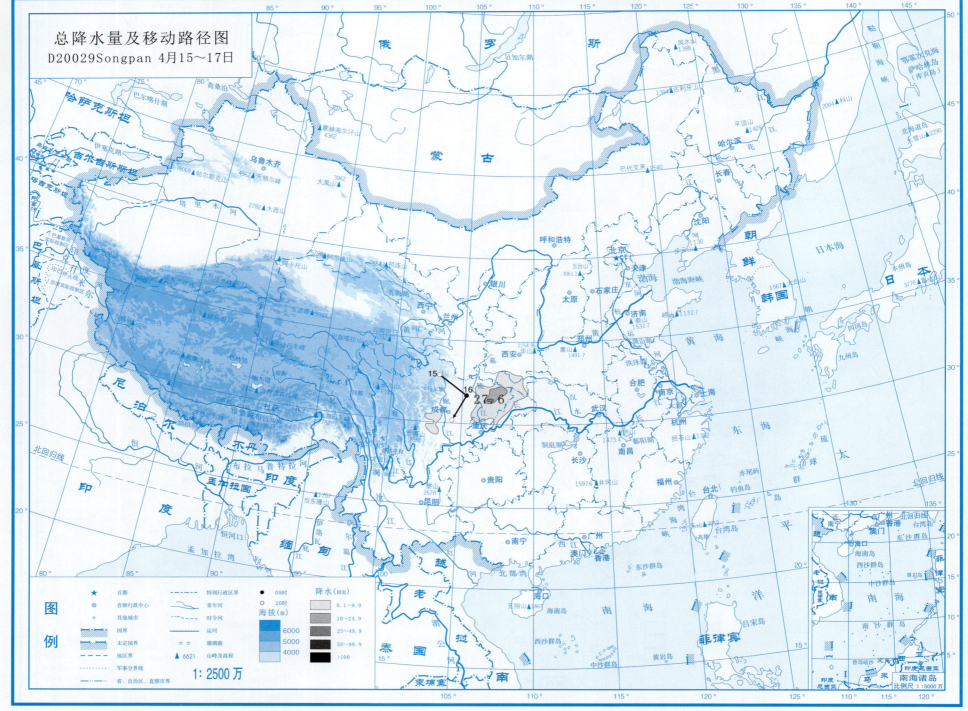

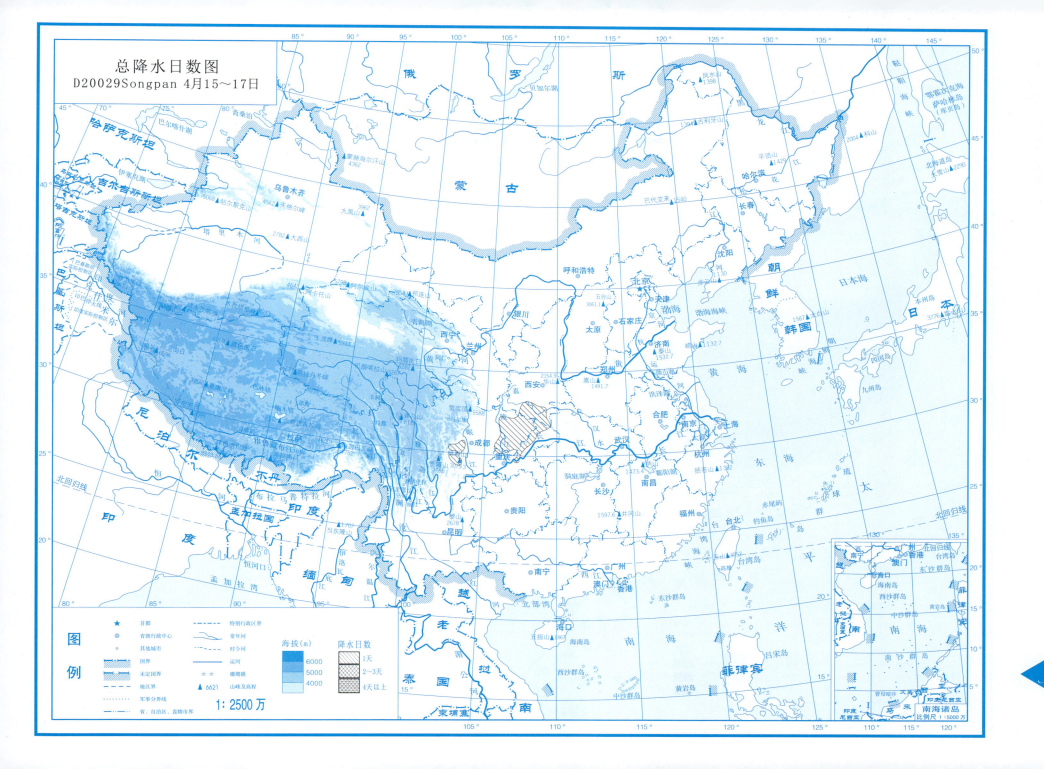

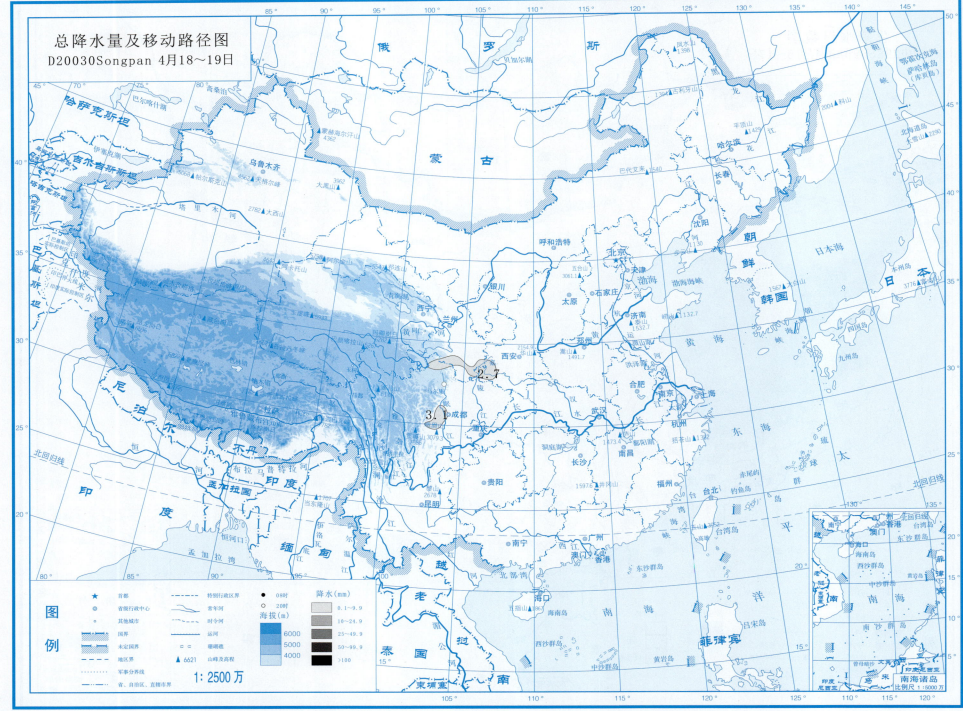

总降水日数图

D20030Songpan 4月18~19日

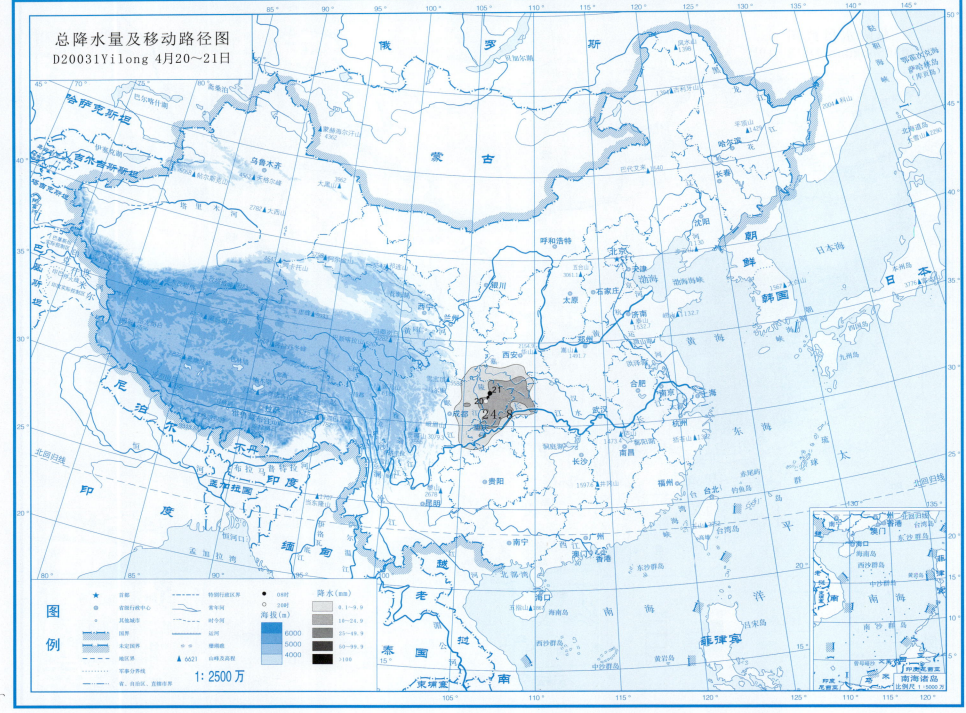

总降水日数图
D20031Yilong 4月20~21日

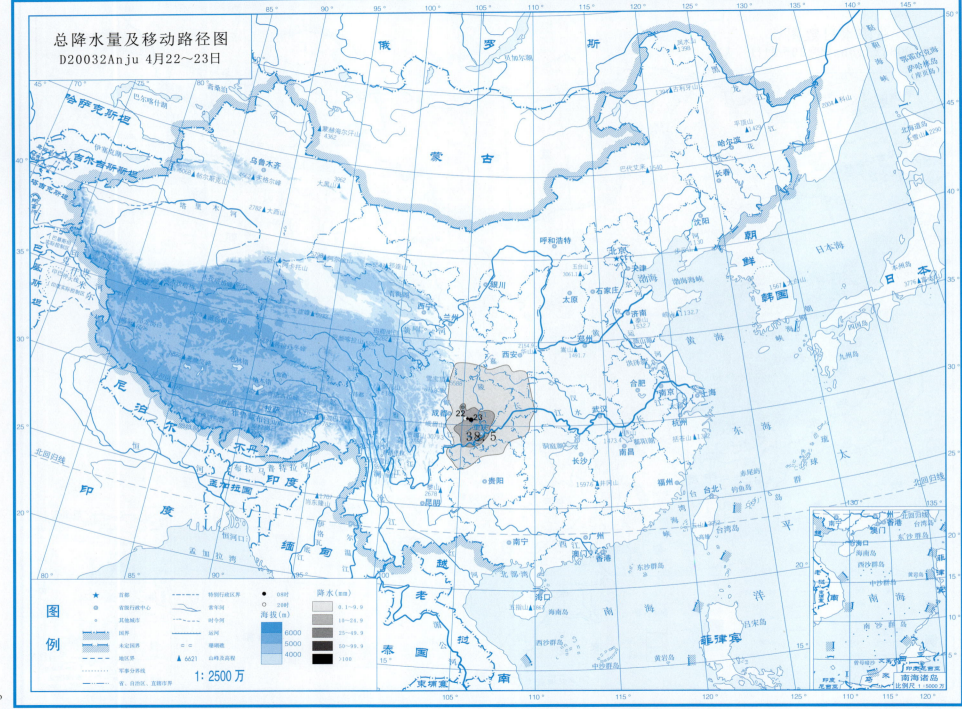

总降水日数图

D20032Anju 4月22~23日

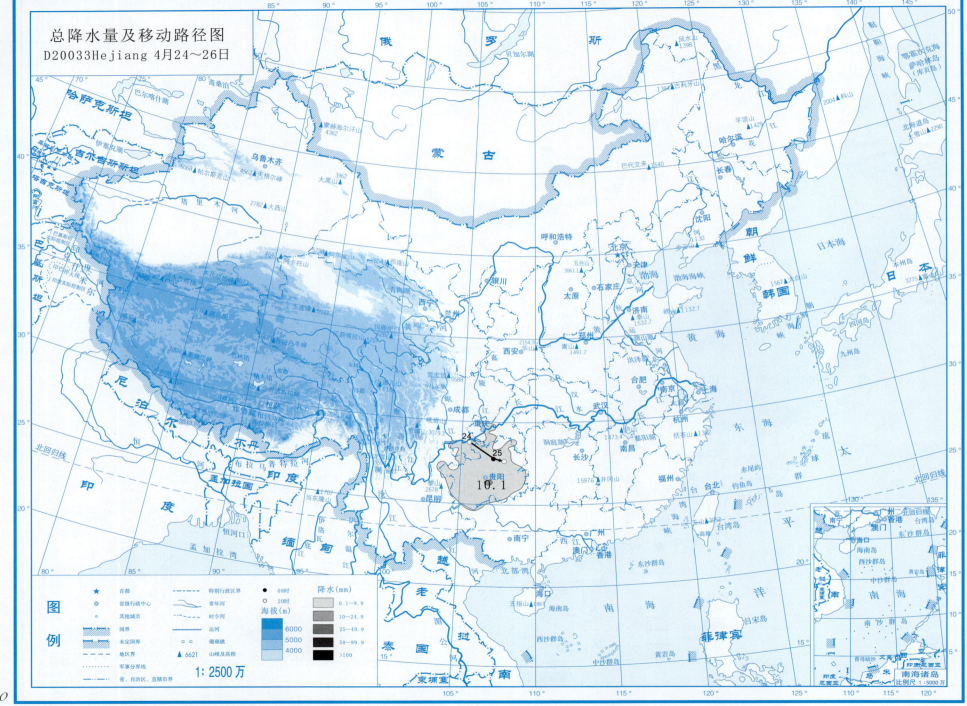

总降水日数图
D20033Hejiang 4月24～26日

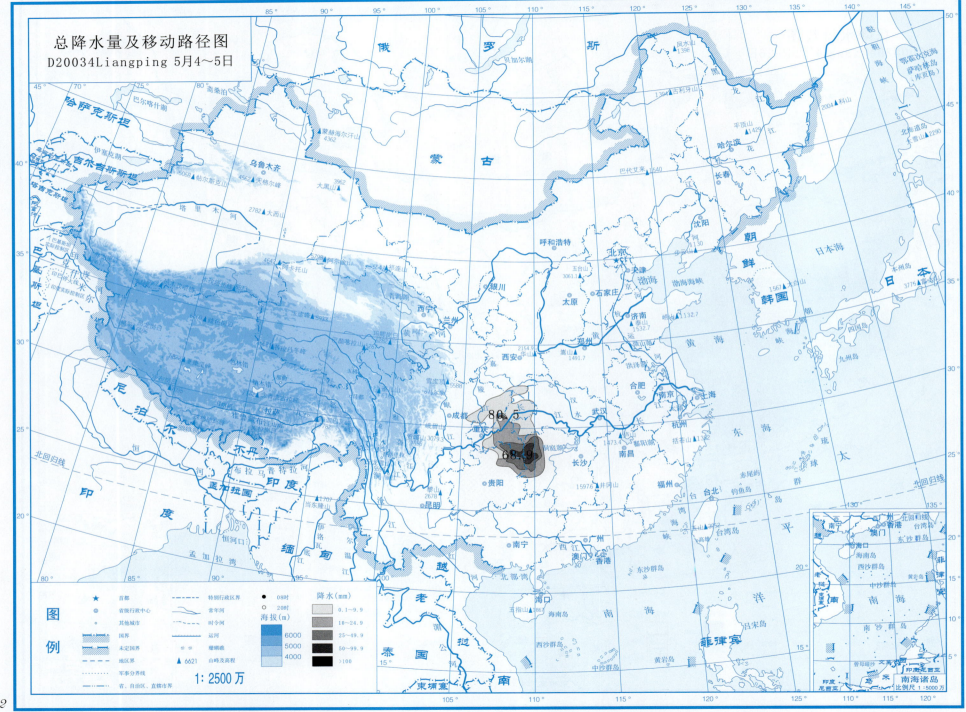

总降水日数图

D20034Liangping 5月4～5日

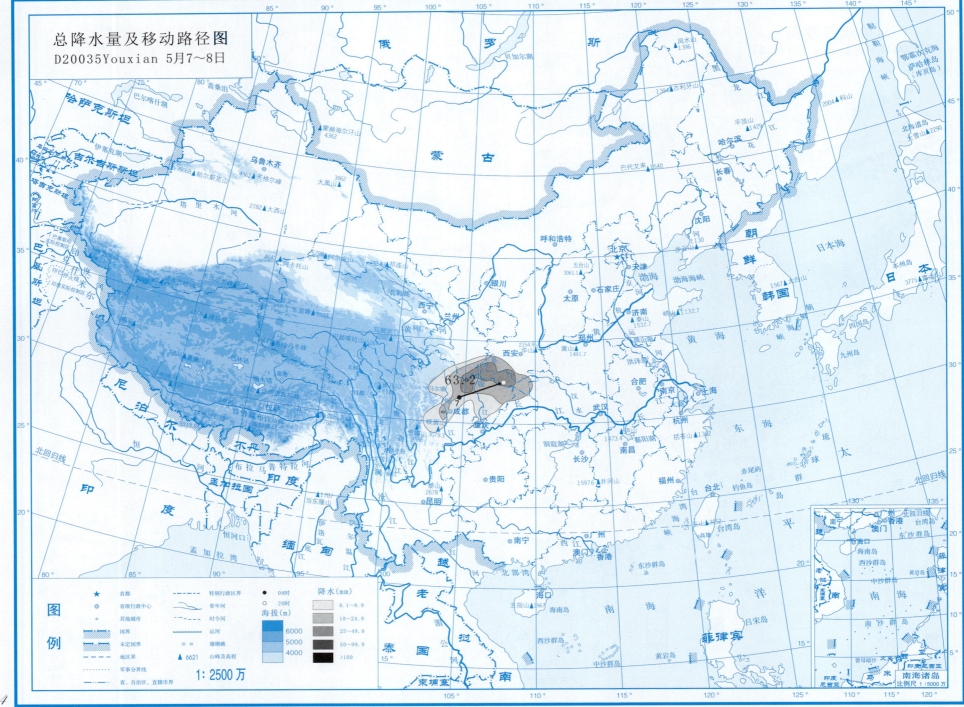

总降水日数图
D20035Youxian 5月7~8日

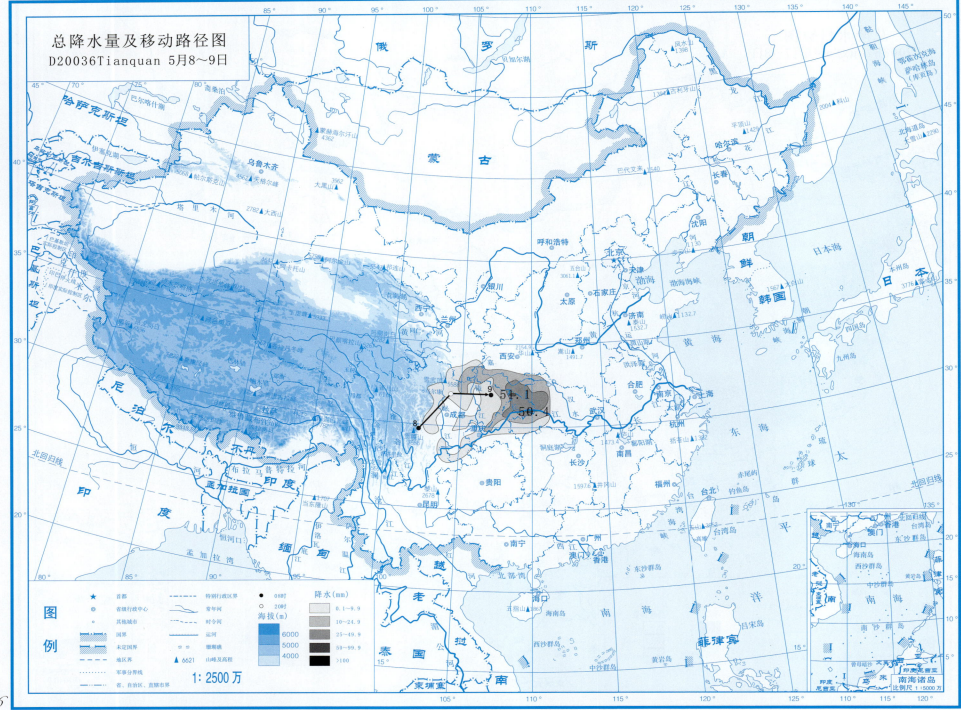

总降水日数图
D20036Tianquan 5月8~9日

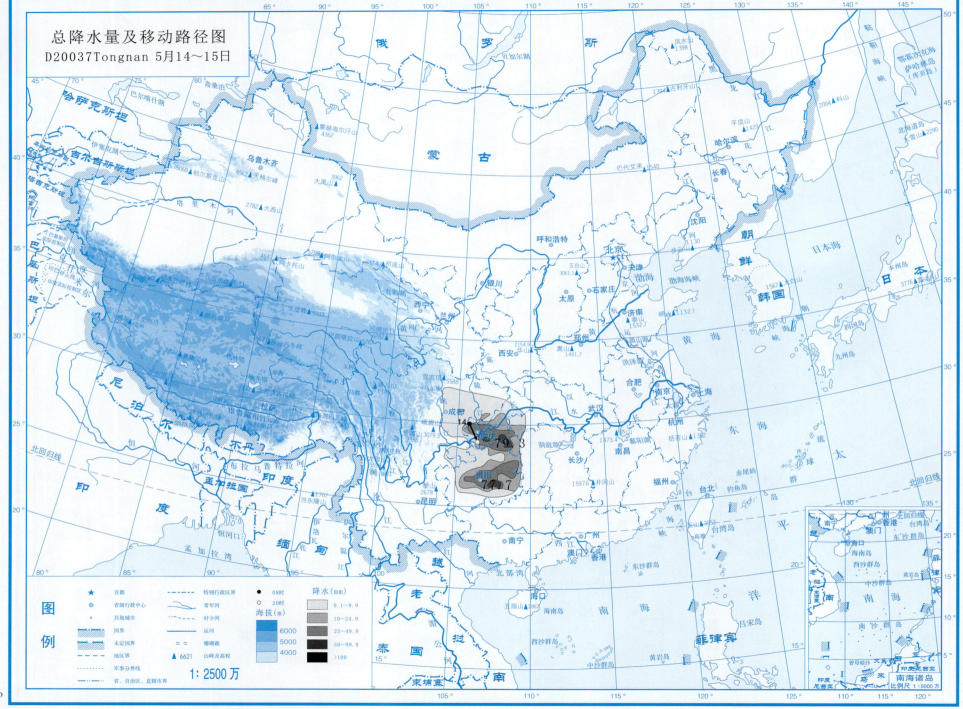

总降水日数图
D20037Tongnan 5月14~15日

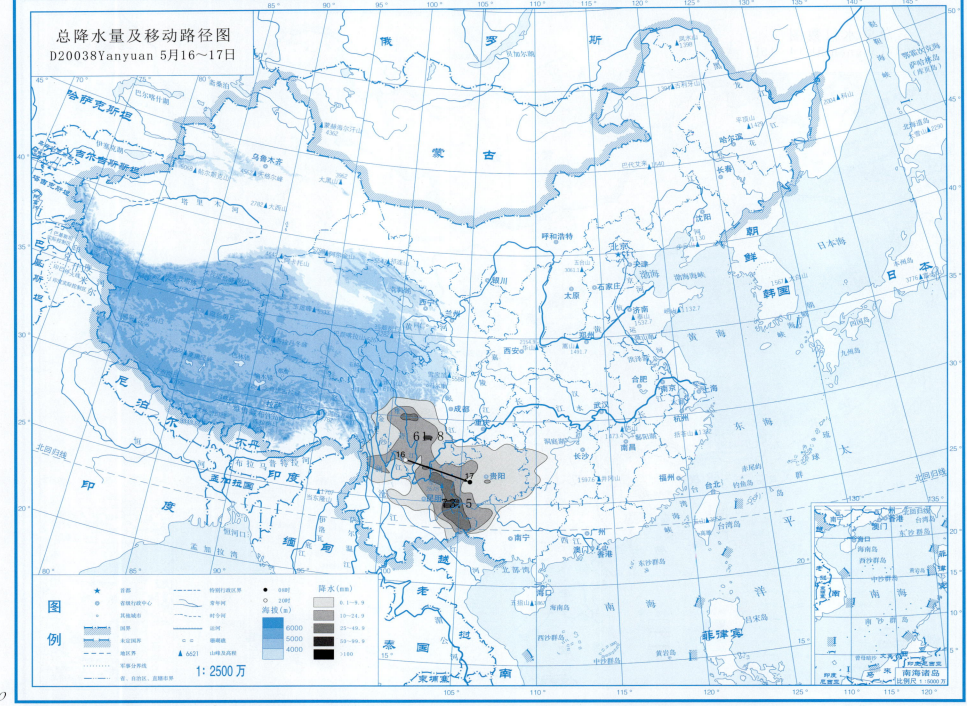

总降水日数图
D20038Yanyuan 5月16～17日

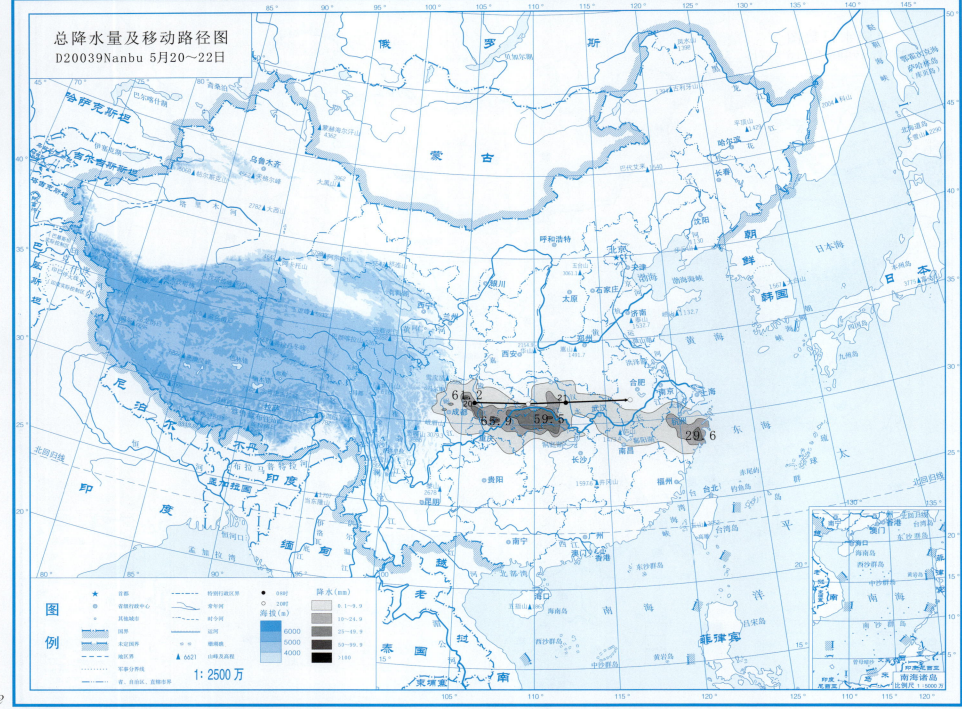

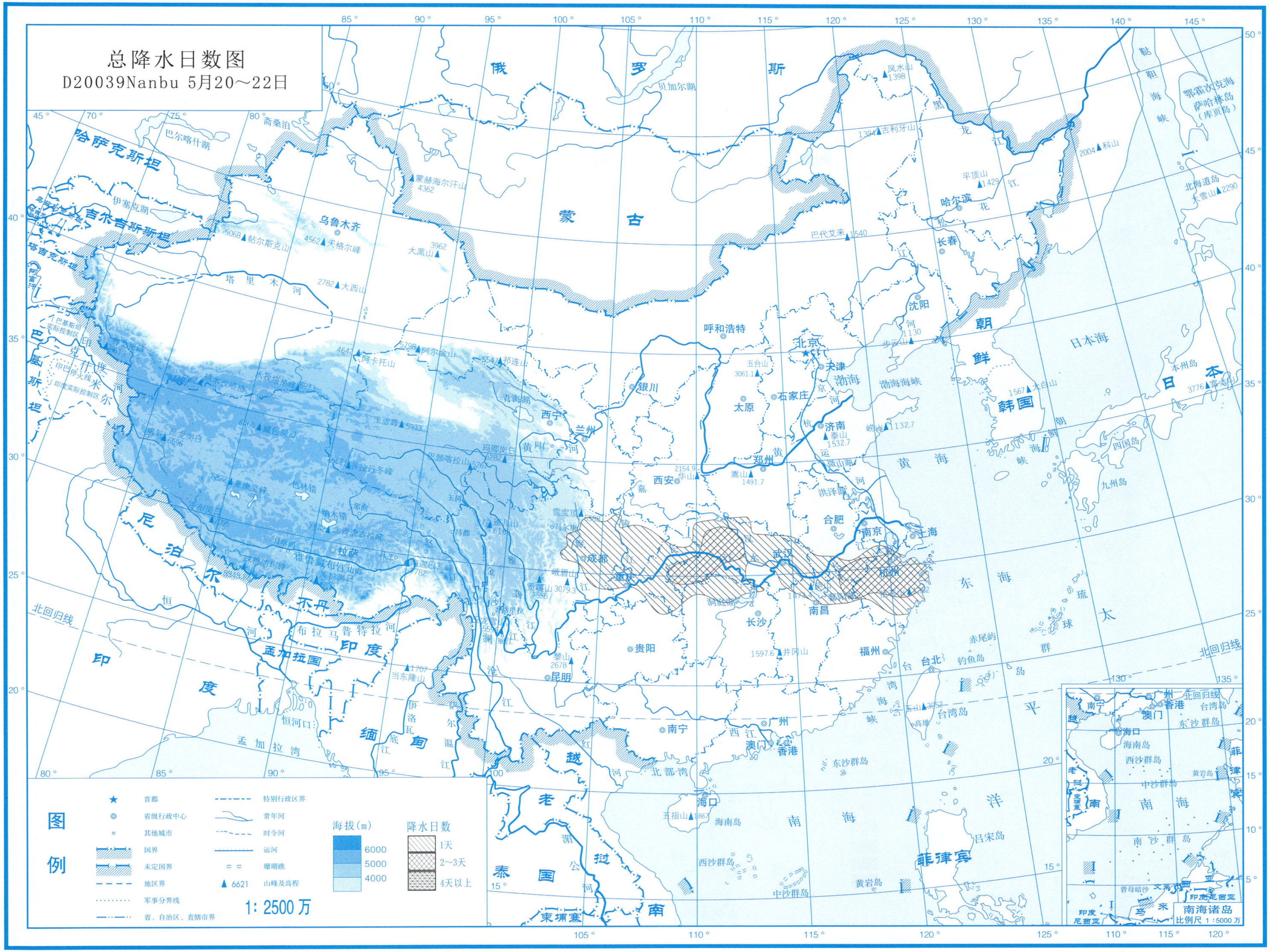

总降水日数图

D20039Nanbu 5月20～22日

图例

- ★ 首都
- ◎ 省级行政中心
- ○ 其他城市
- 国界
- 未定国界
- 地区界
- 军事分界线
- 省、自治区、直辖市界
- 特别行政区界
- 常年河
- 时令河
- 运河
- 珊瑚礁
- ▲6621 山峰及高程

海拔(m): 6000 / 5000 / 4000

降水日数：1天 / 2～3天 / 4天以上

比例尺 1:2500万

南海诸岛 比例尺 1:5000万

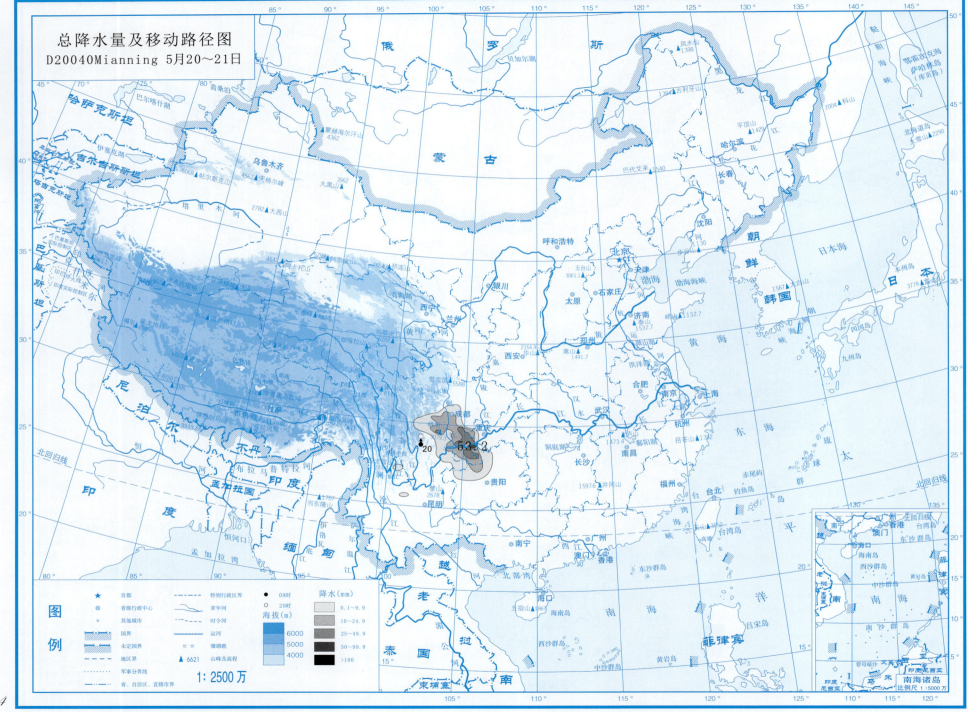

总降水日数图

D20040Mianning 5月20～21日

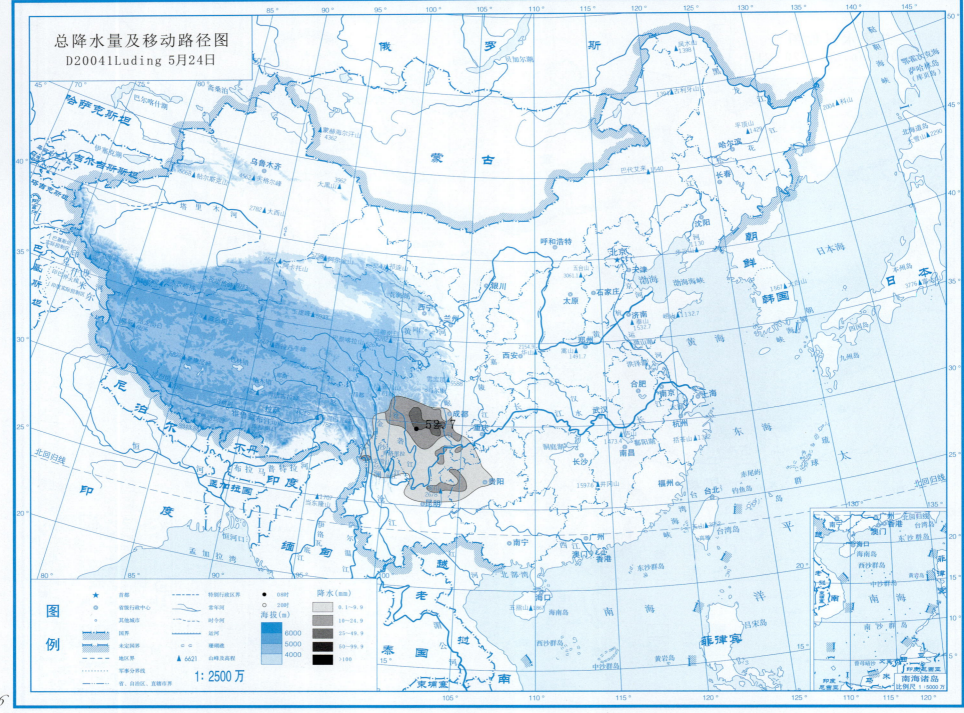

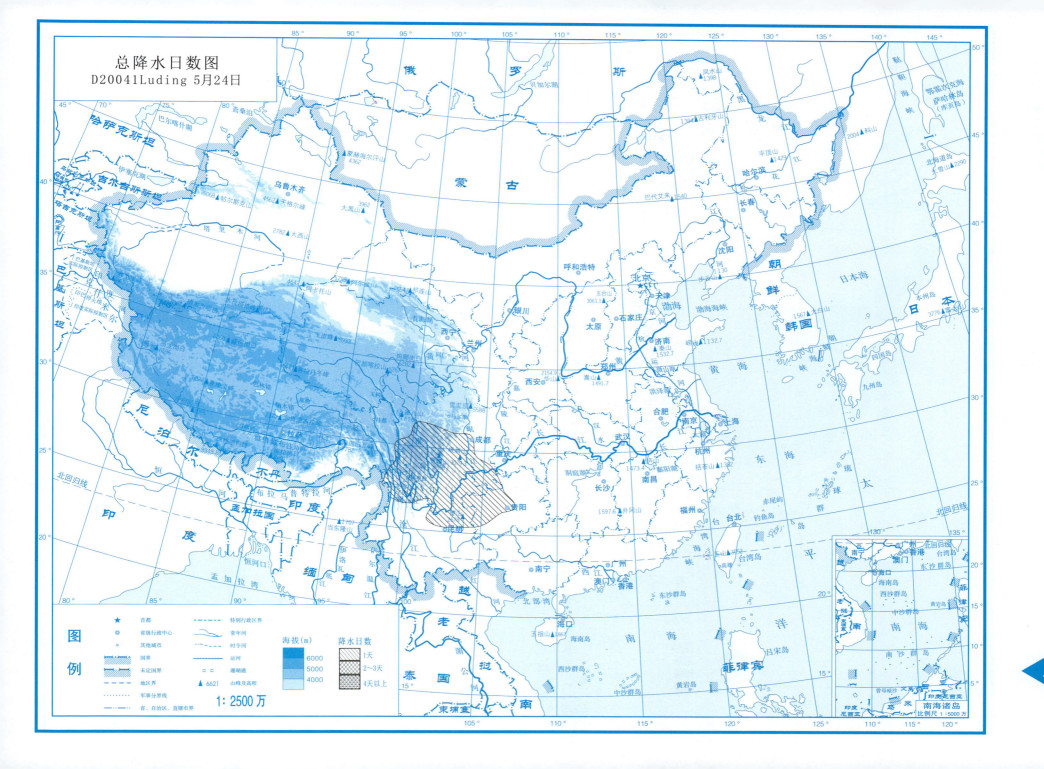

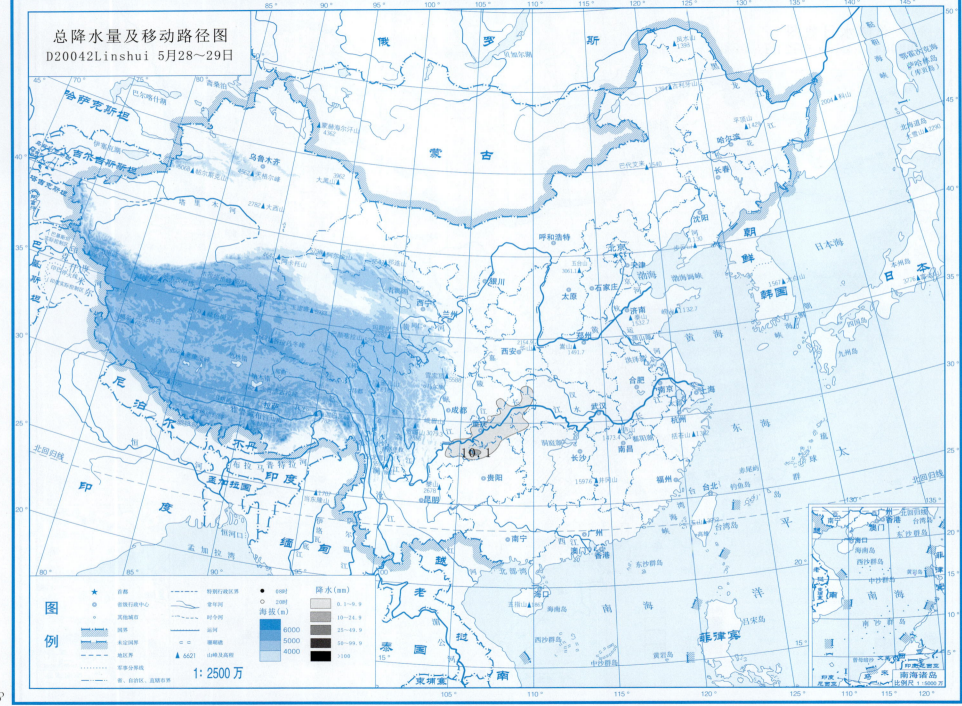

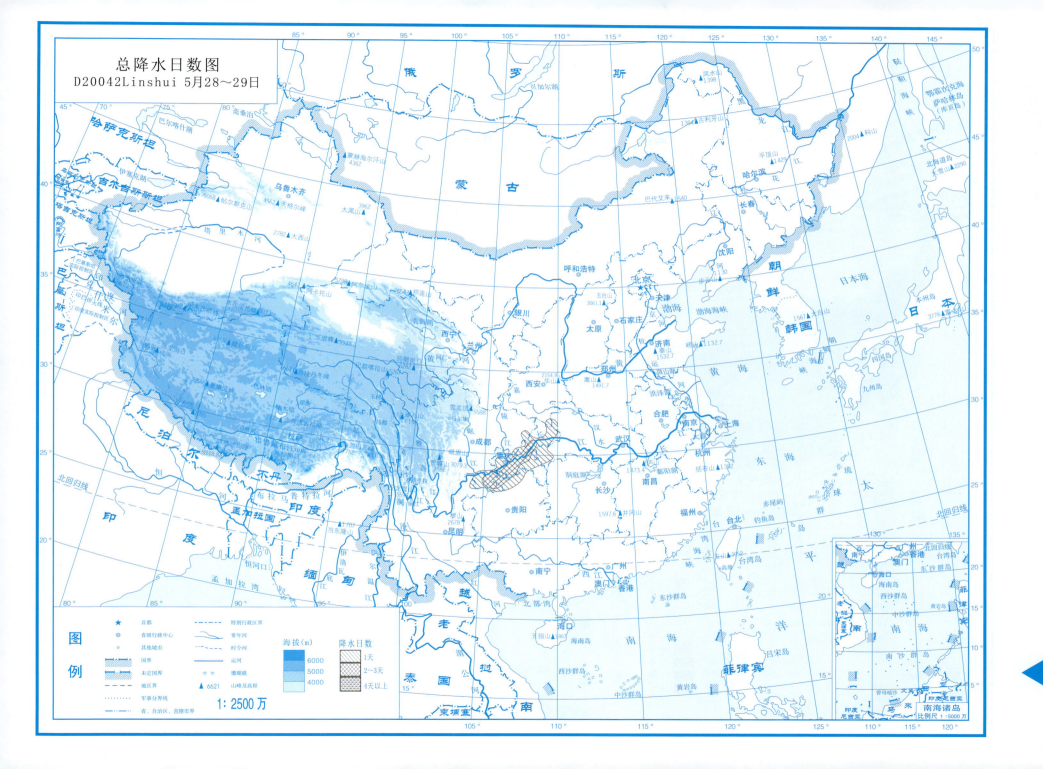

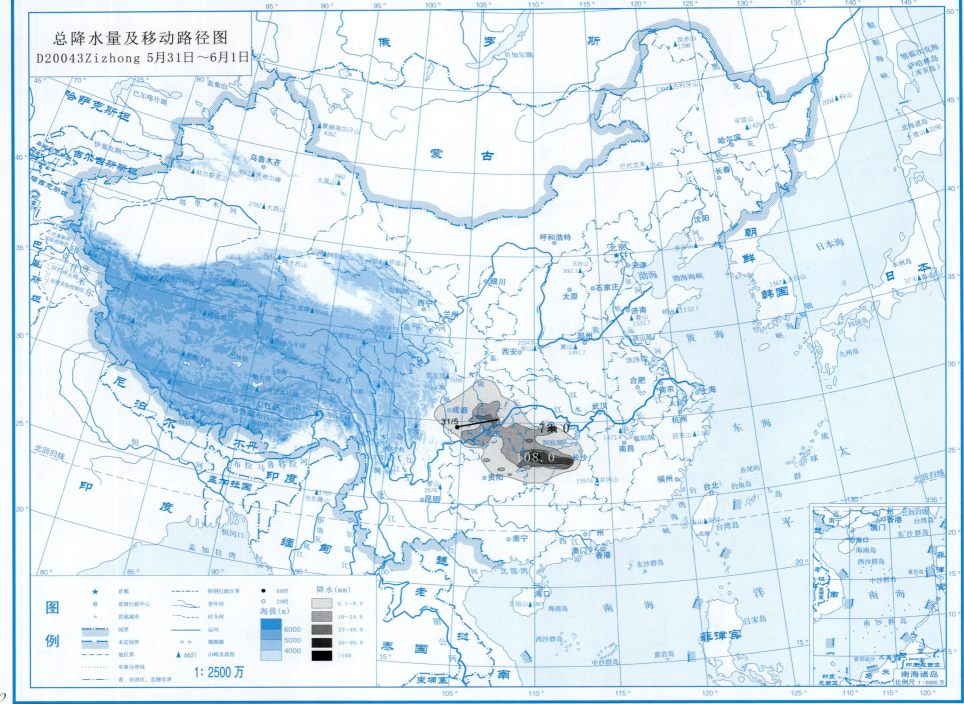

总降水日数图
D20043Zizhong 5月31日～6月1日

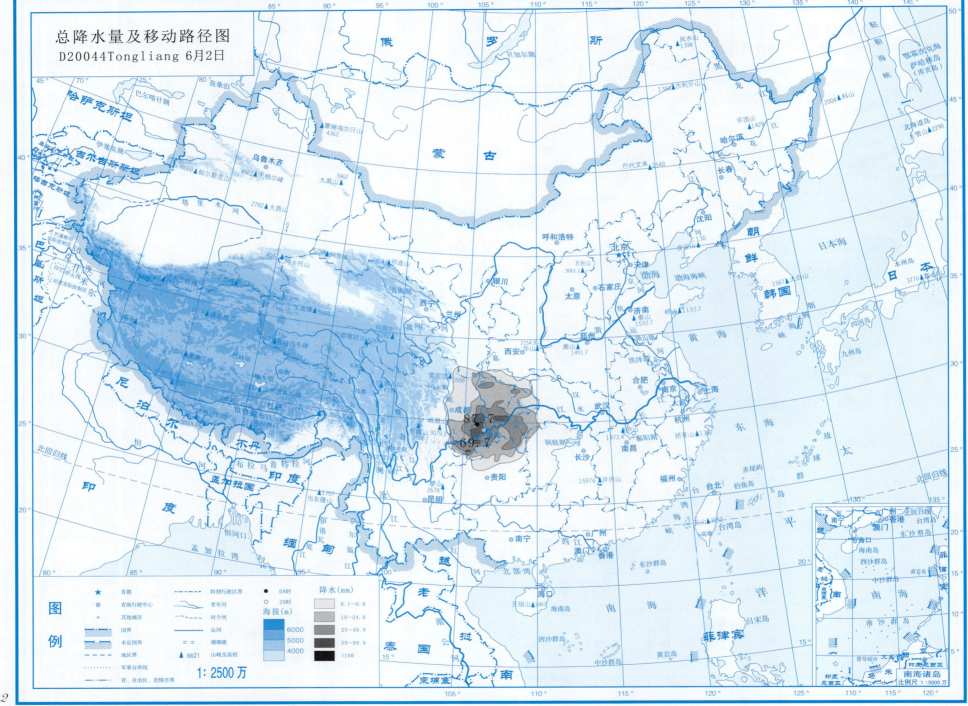

总降水日数图

D20044Tongliang 6月2日

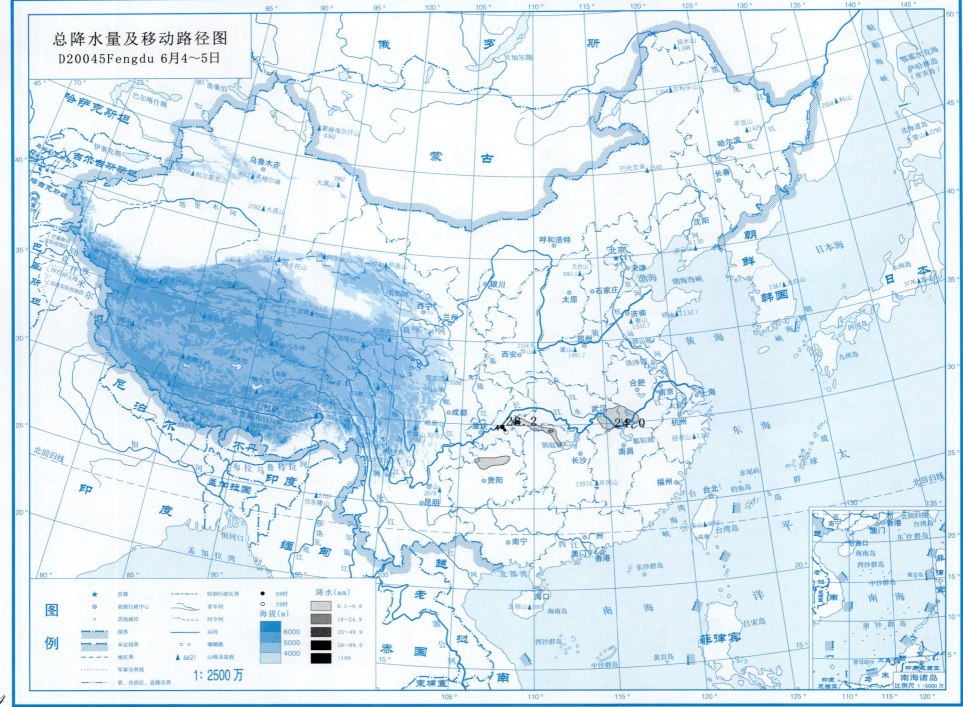

总降水日数图
D20045Fengdu 6月4～5日

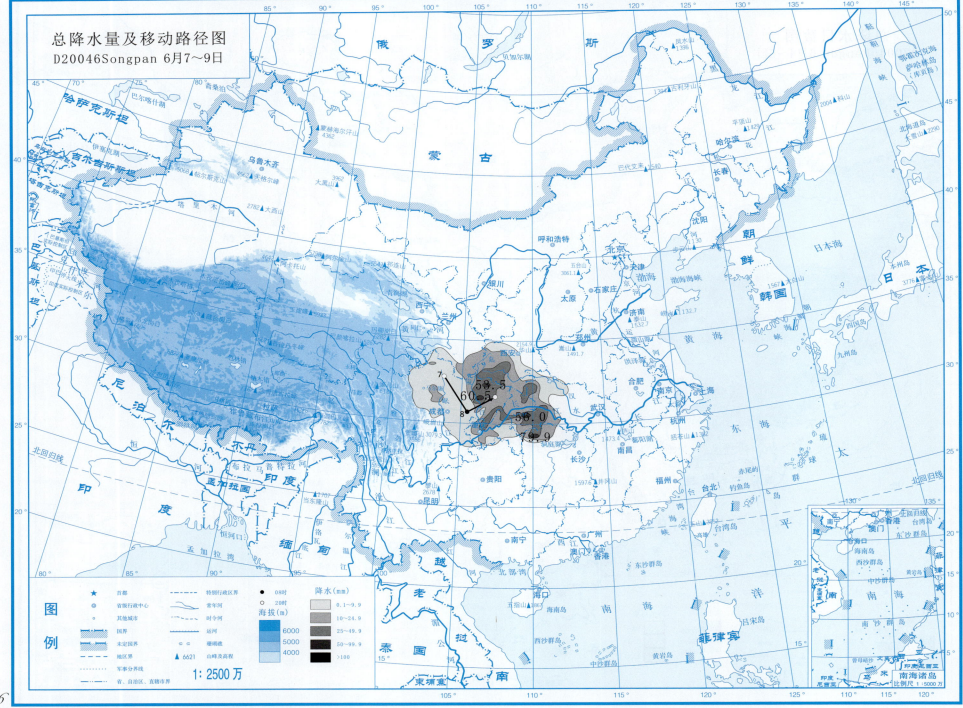

总降水日数图
D20046Songpan 6月7~9日

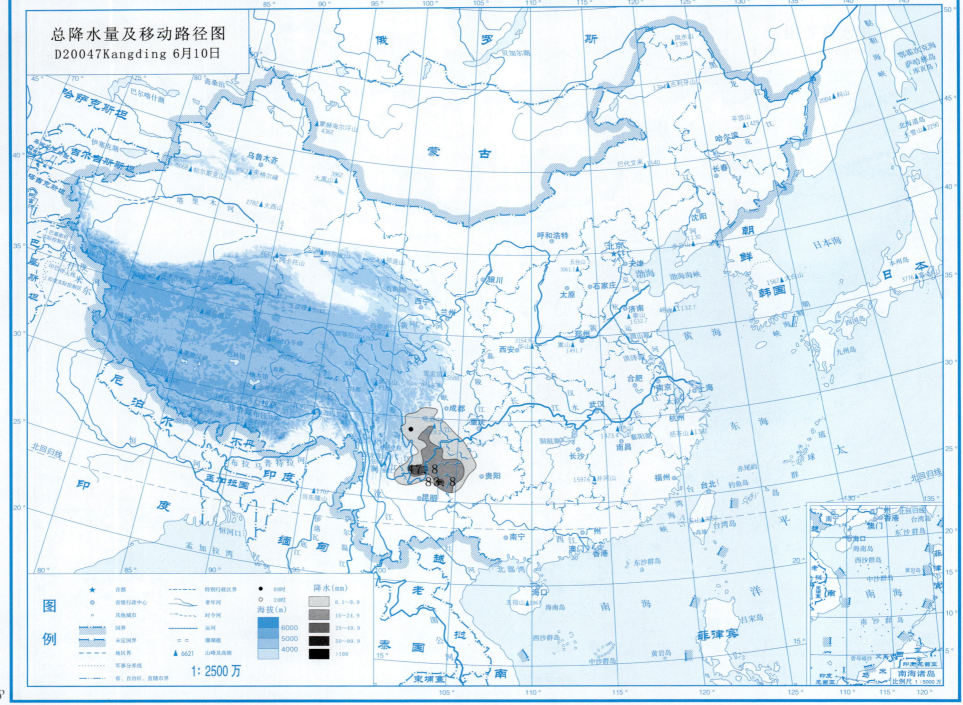

总降水日数图
D20047Kangding 6月10日

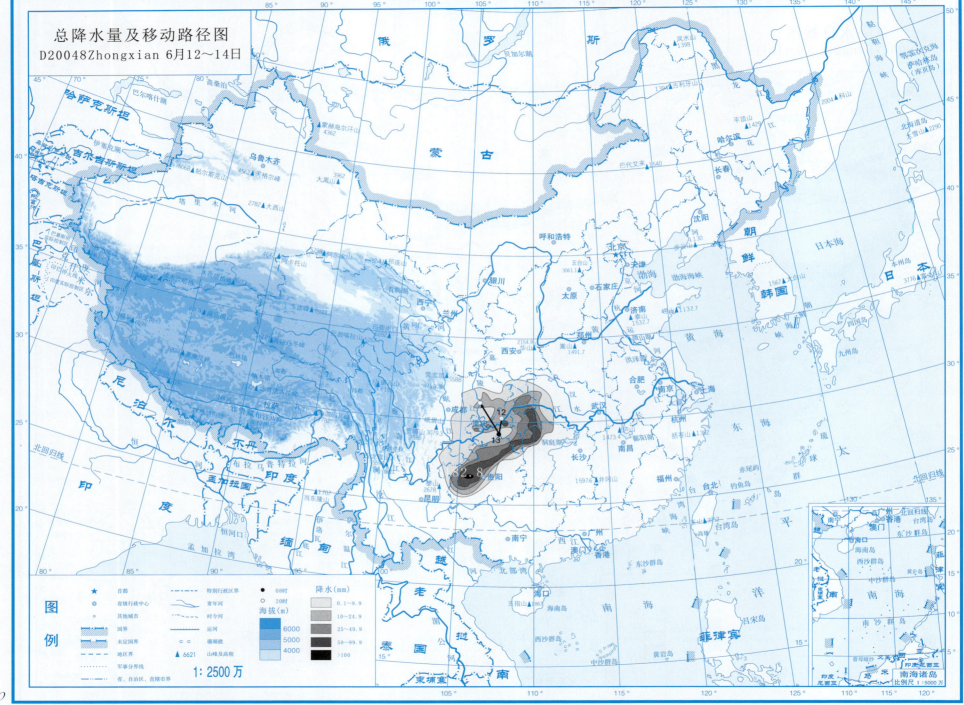

总降水日数图
D20048Zhongxian 6月12~14日

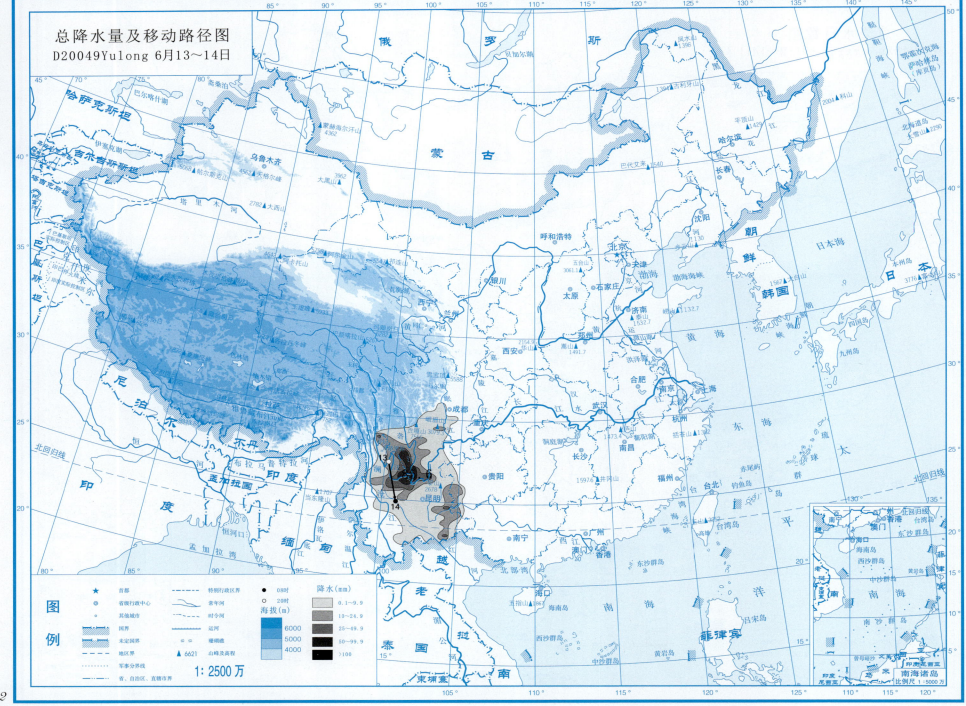

总降水日数图
D20049Yulong 6月13~14日

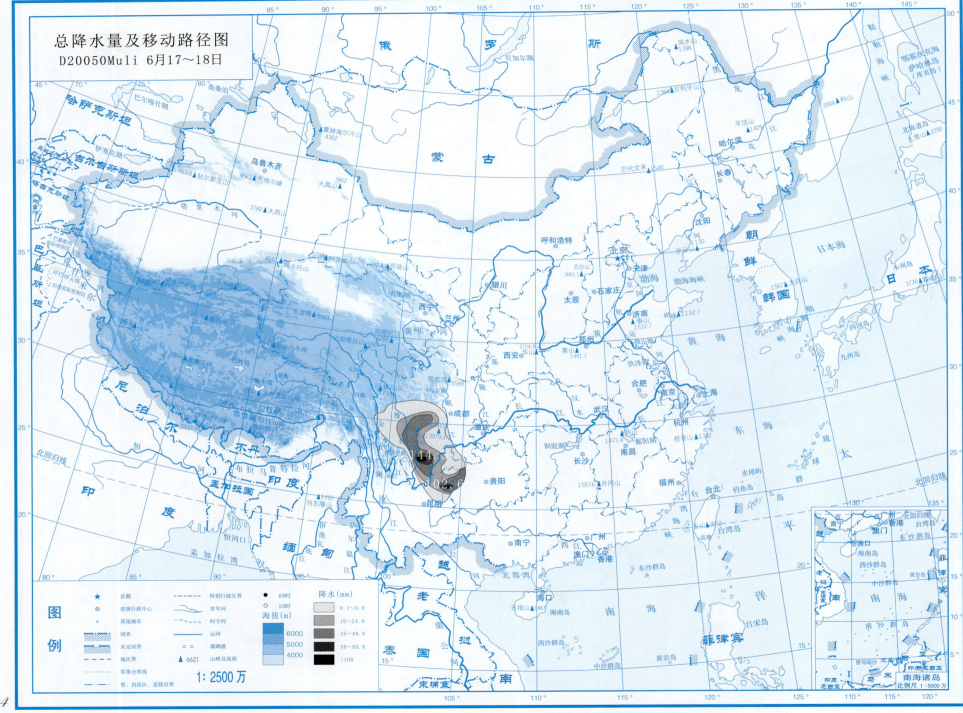

总降水日数图
D20050Muli 6月17~18日

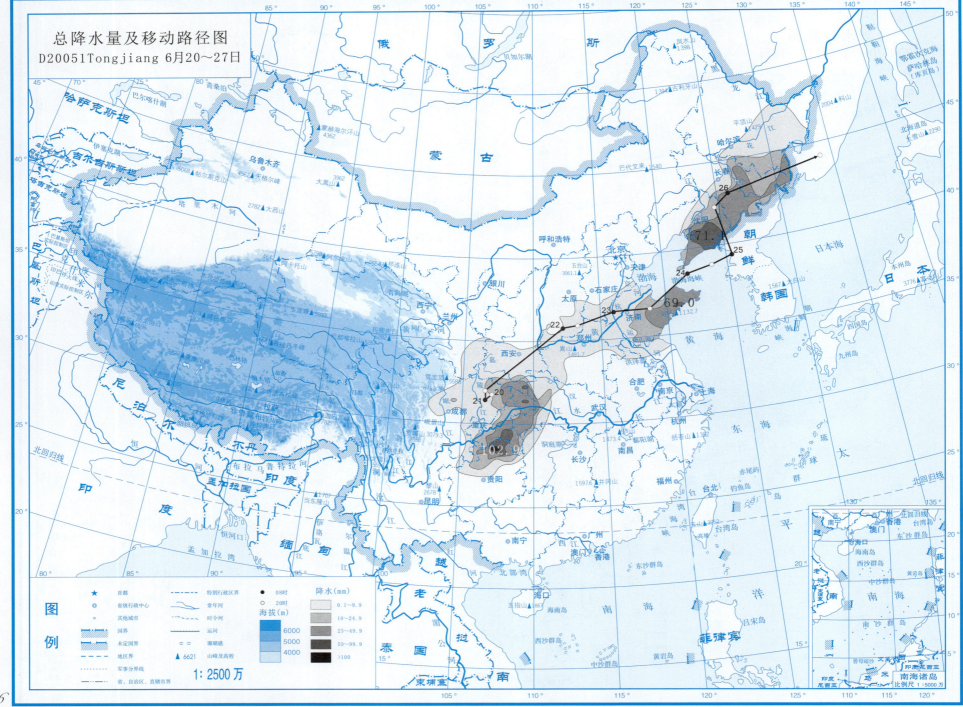

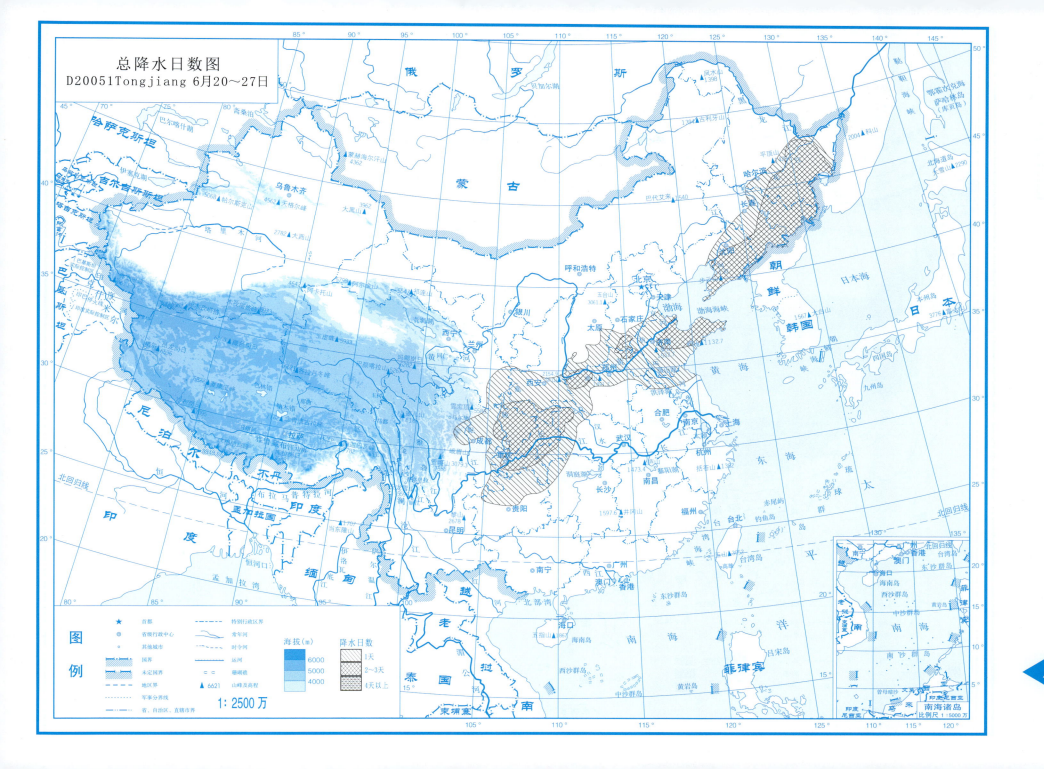

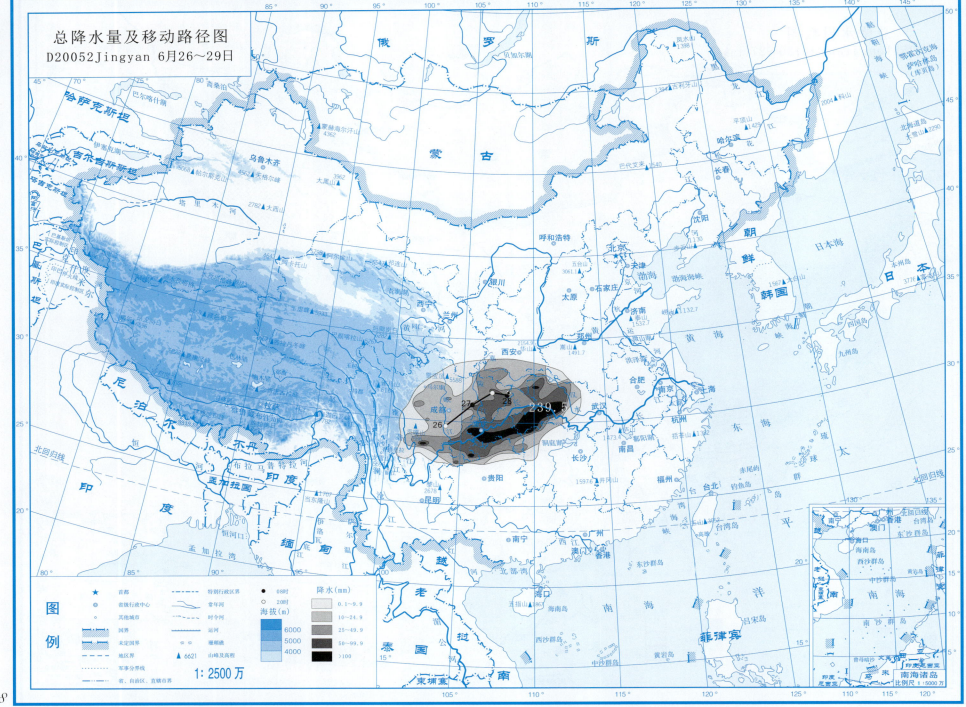

总降水日数图

D20052Jingyan 6月26~29日

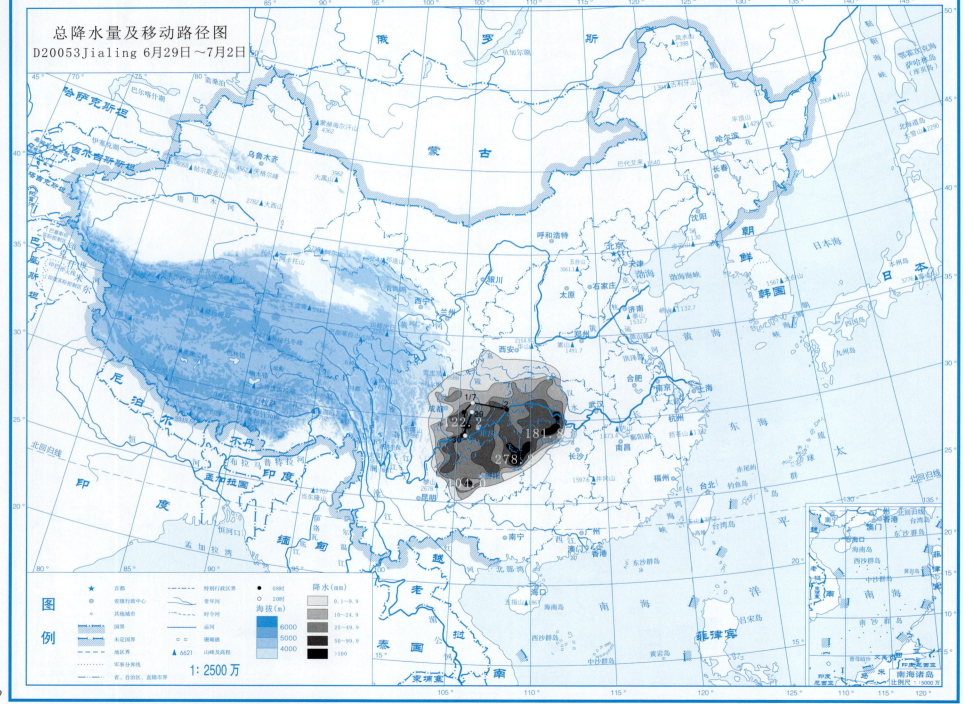

总降水日数图
D20053Jialing 6月29日～7月2日

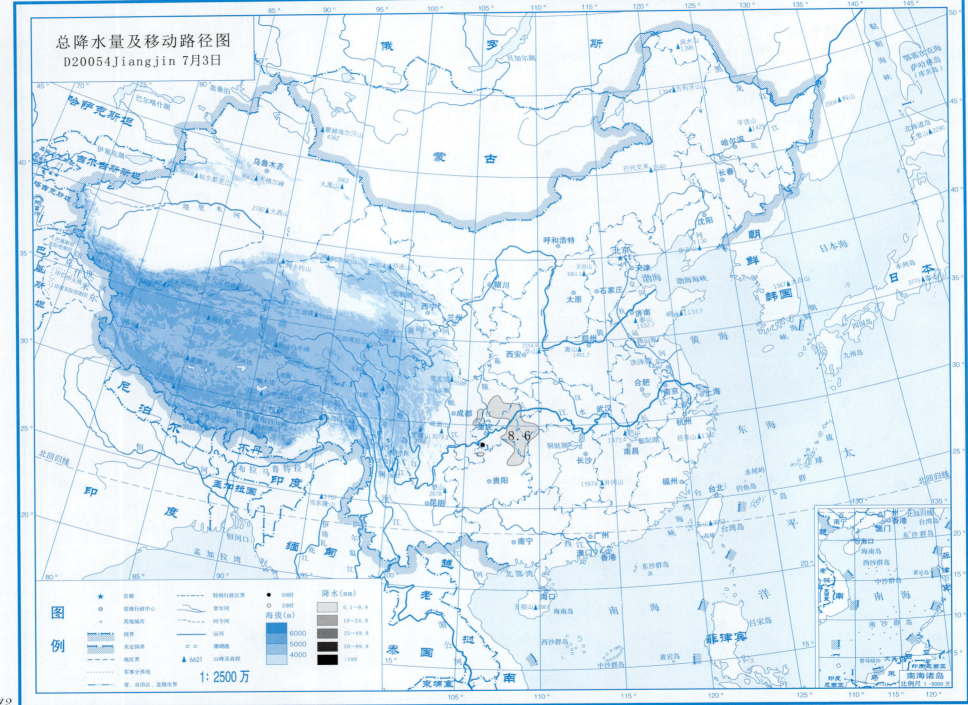

总降水日数图

D20054Jiangjin 7月3日

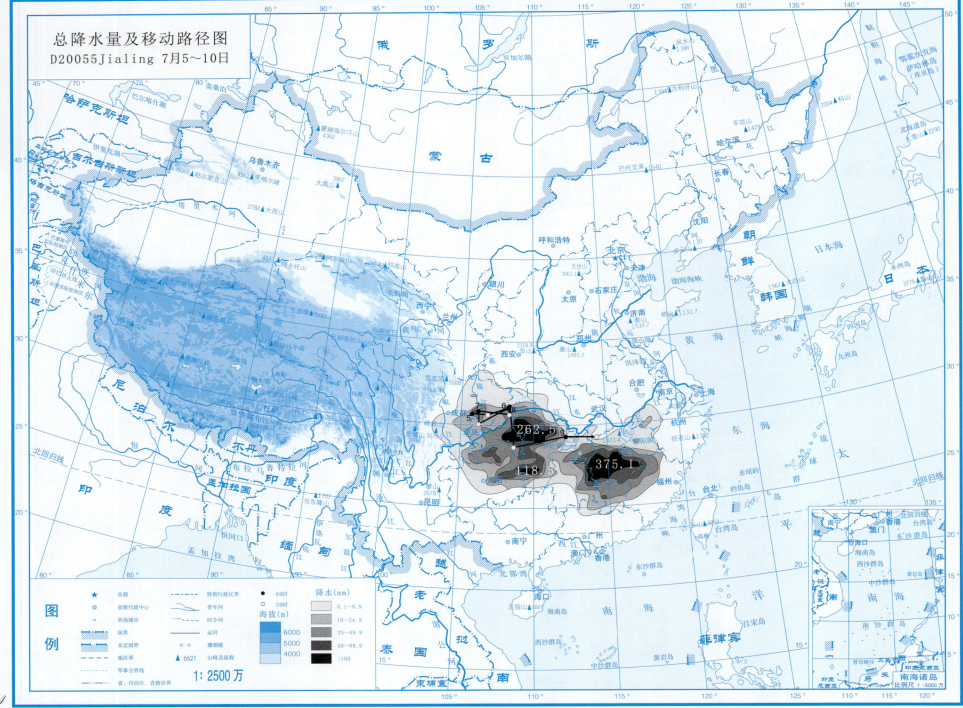

总降水日数图

D20055Jialing 7月5～10日

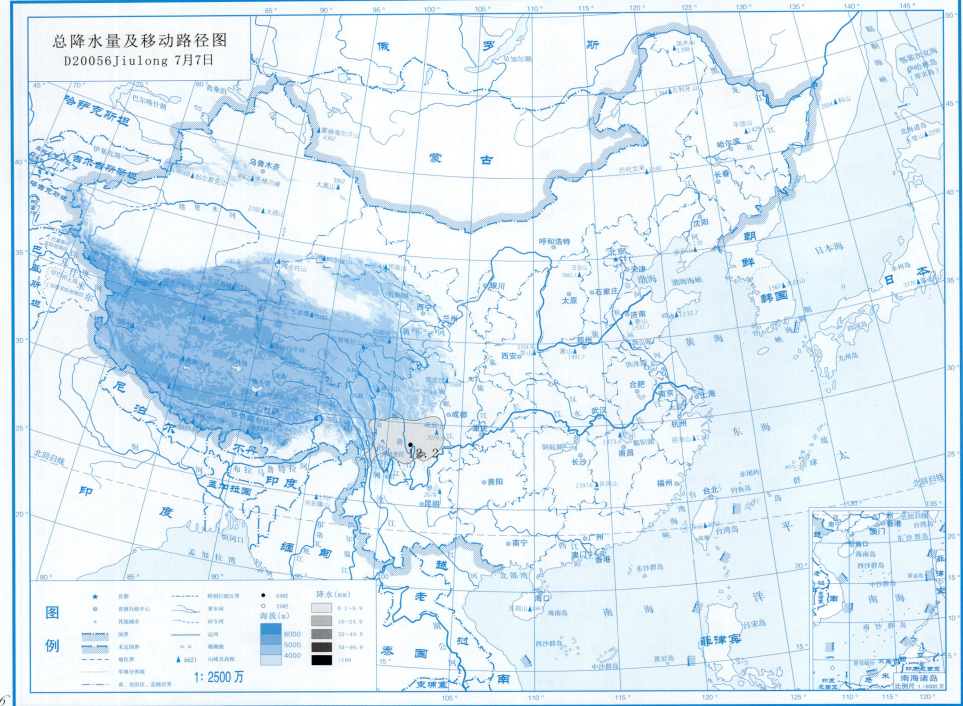

总降水日数图
D20056Jiulong 7月7日

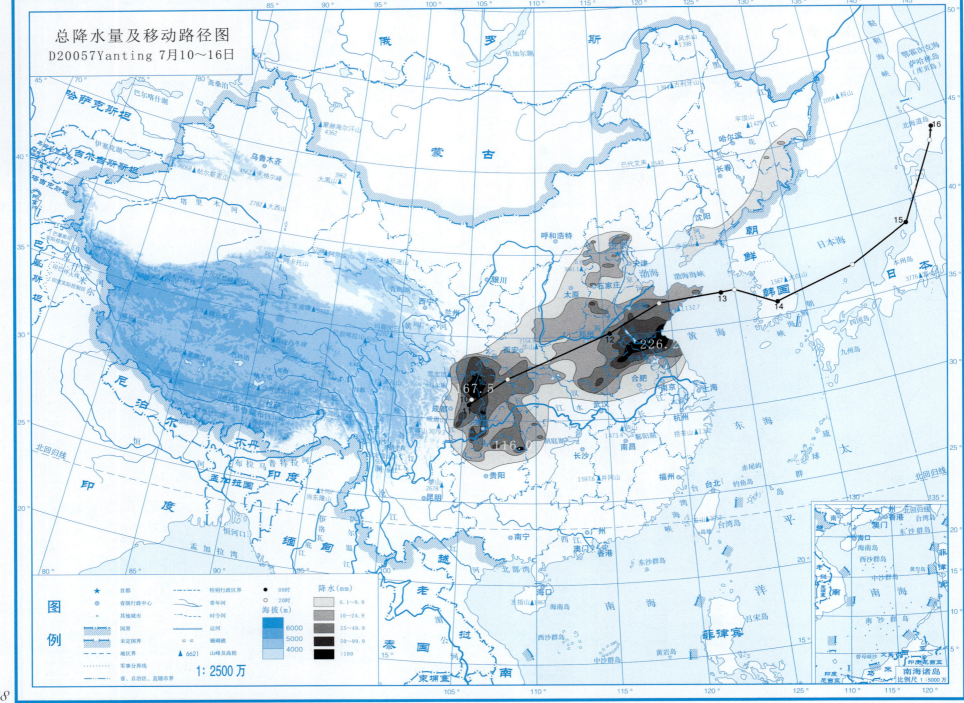

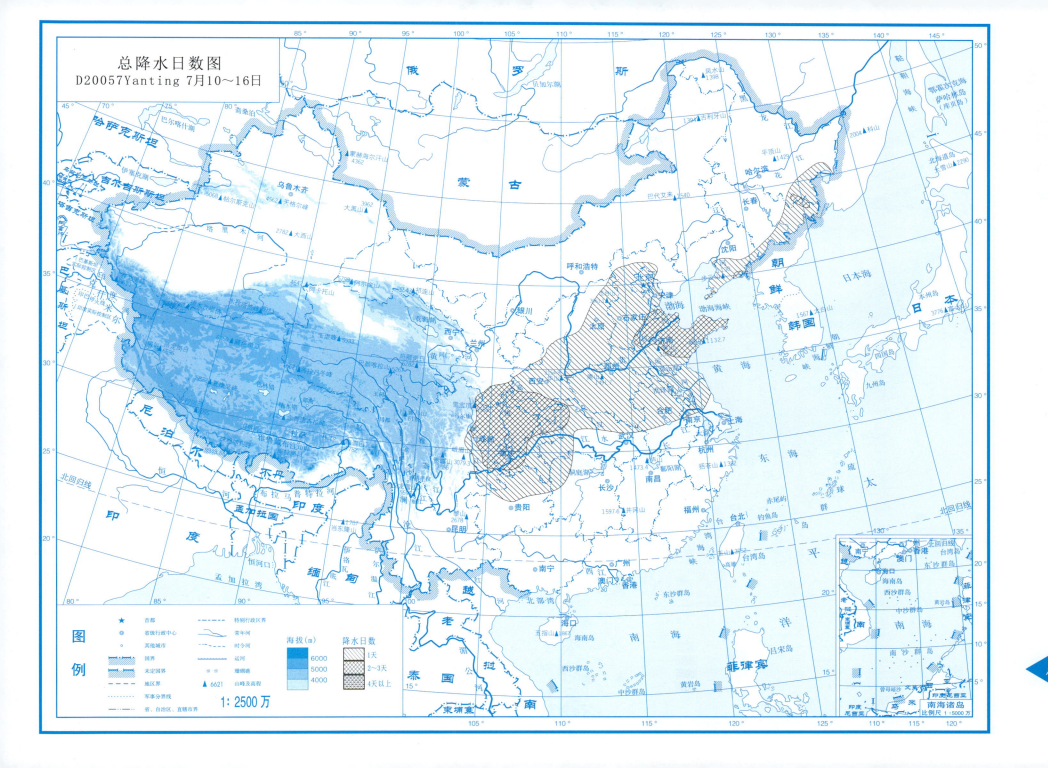

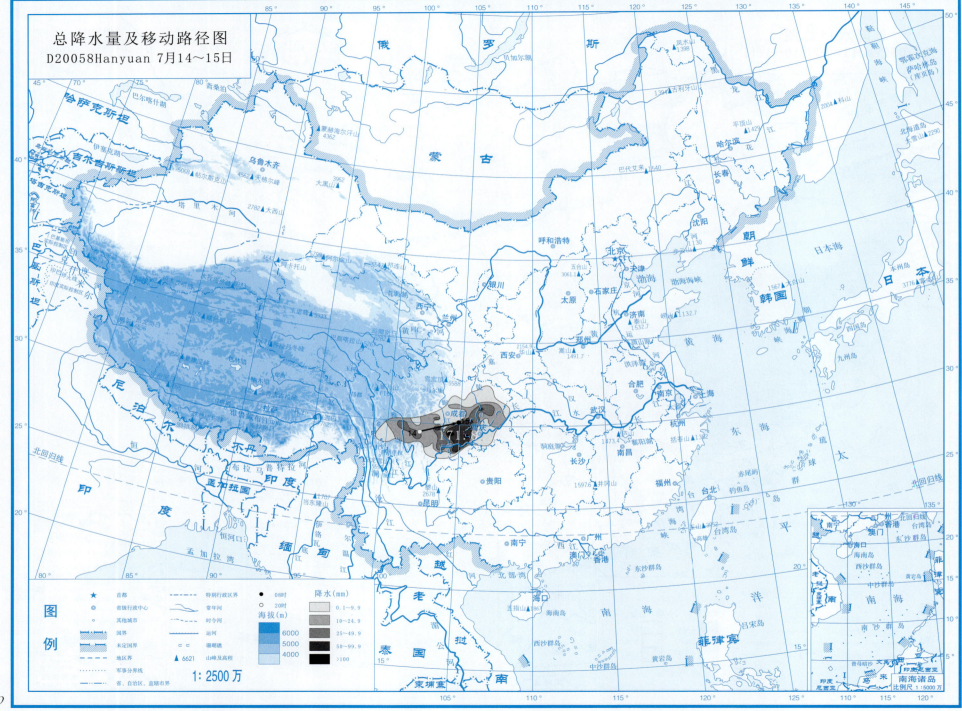

总降水日数图
D20058Hanyuan 7月14~15日

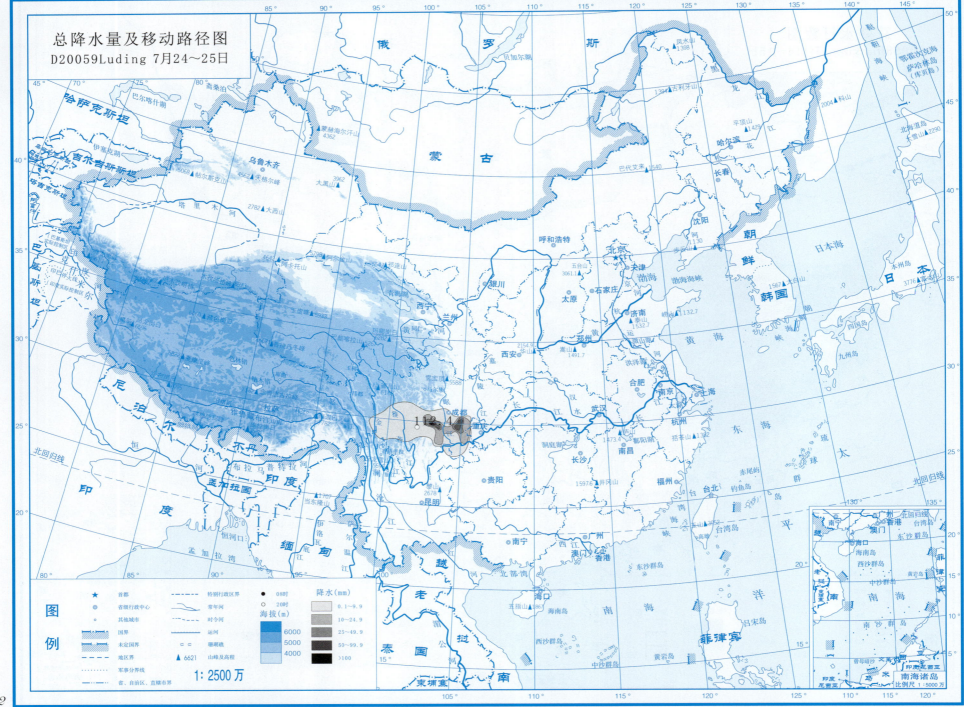

总降水日数图
D20059Luding 7月24~25日

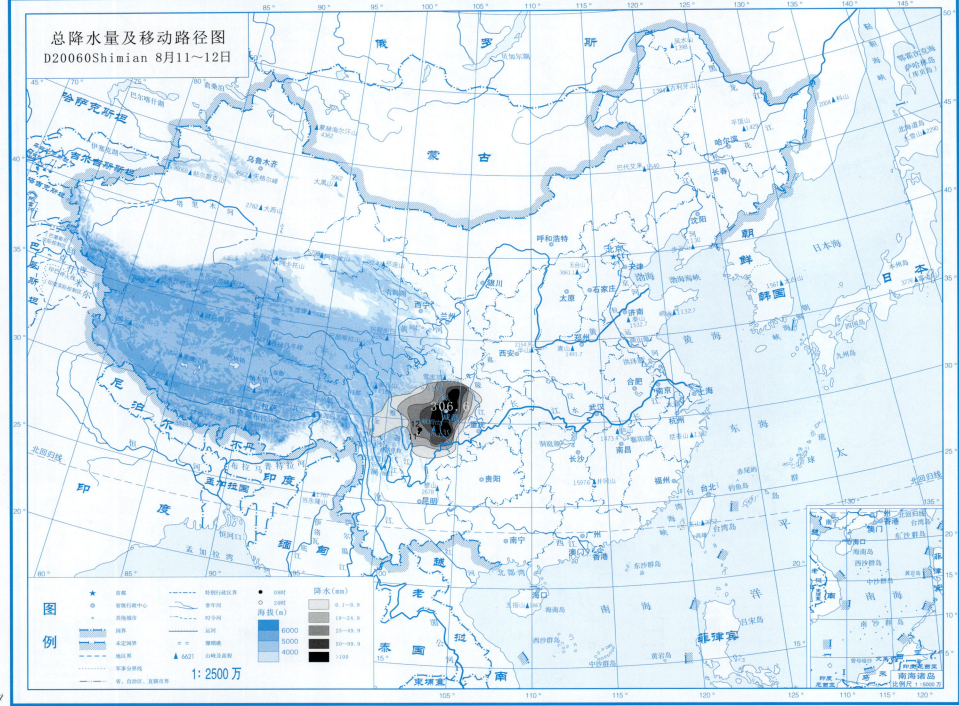

总降水日数图

D20060Shimian 8月11～12日

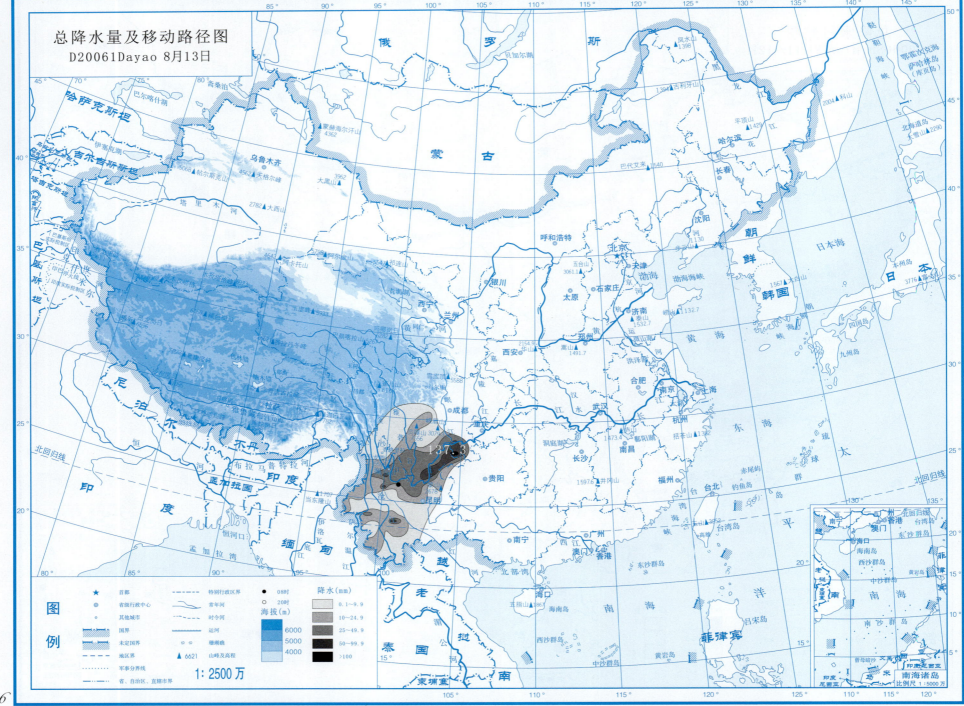

总降水日数图
D20061Dayao 8月13日

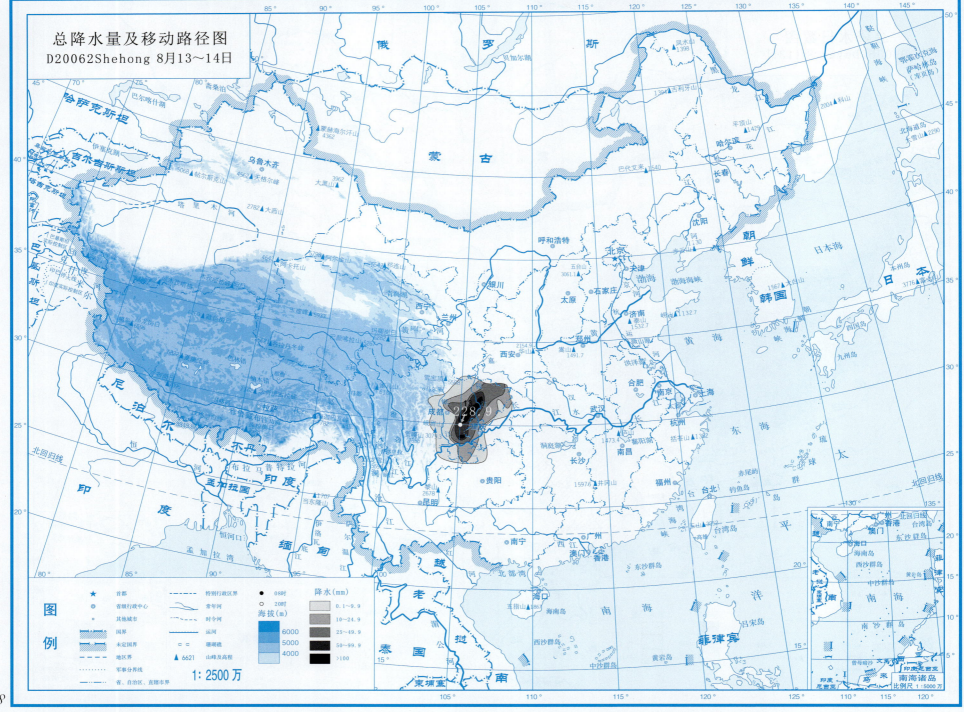

总降水日数图
D20062Shehong 8月13～14日

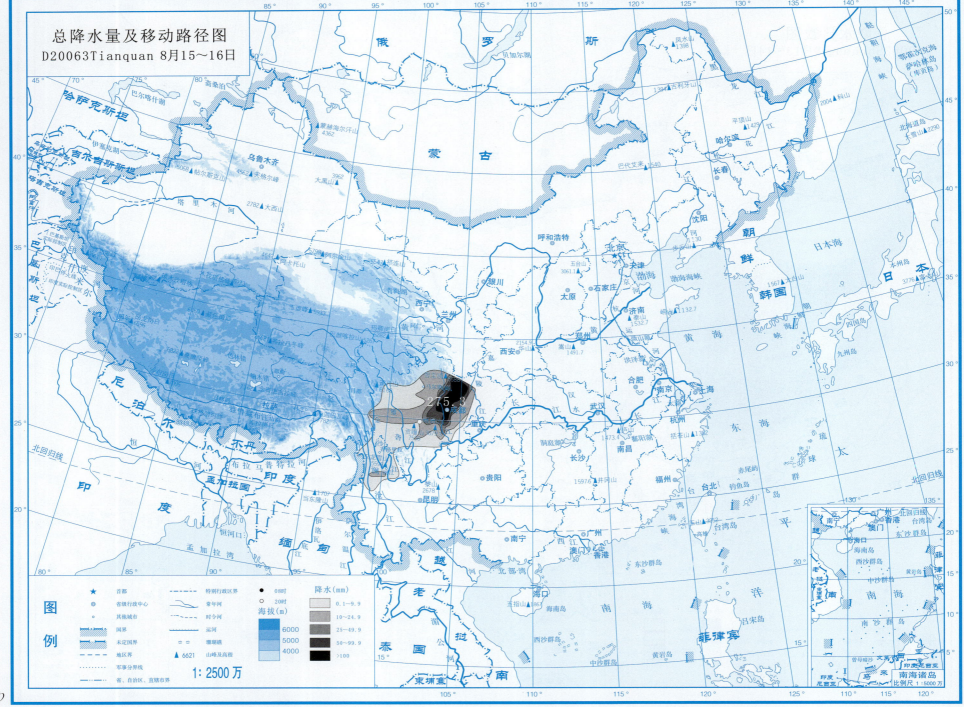

总降水日数图
D20063Tianquan 8月15～16日

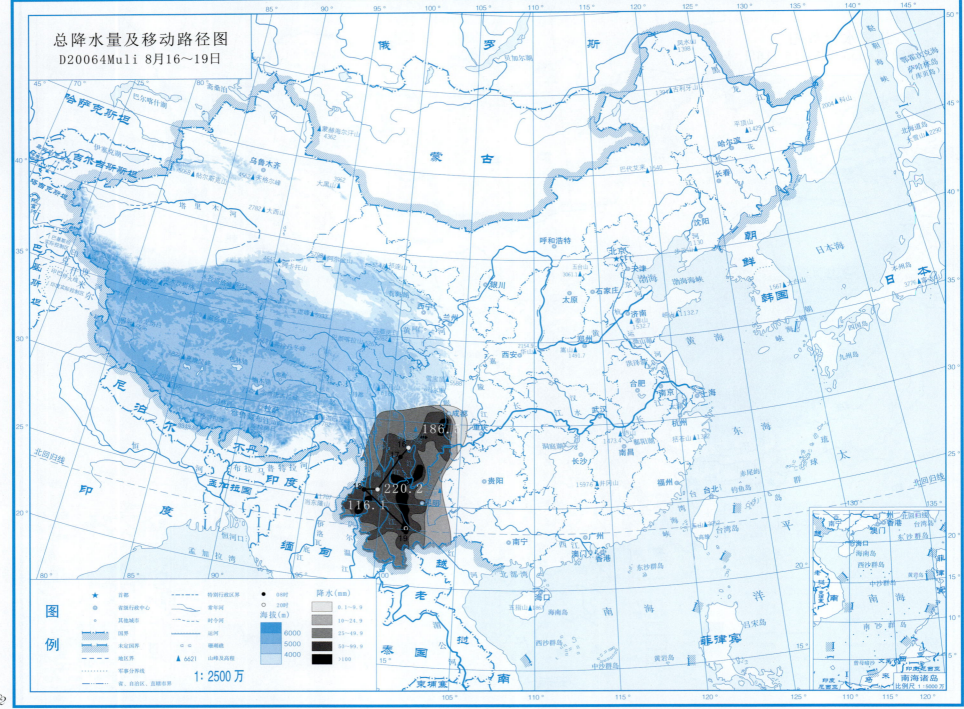

总降水日数图
D20064Muli 8月16～19日

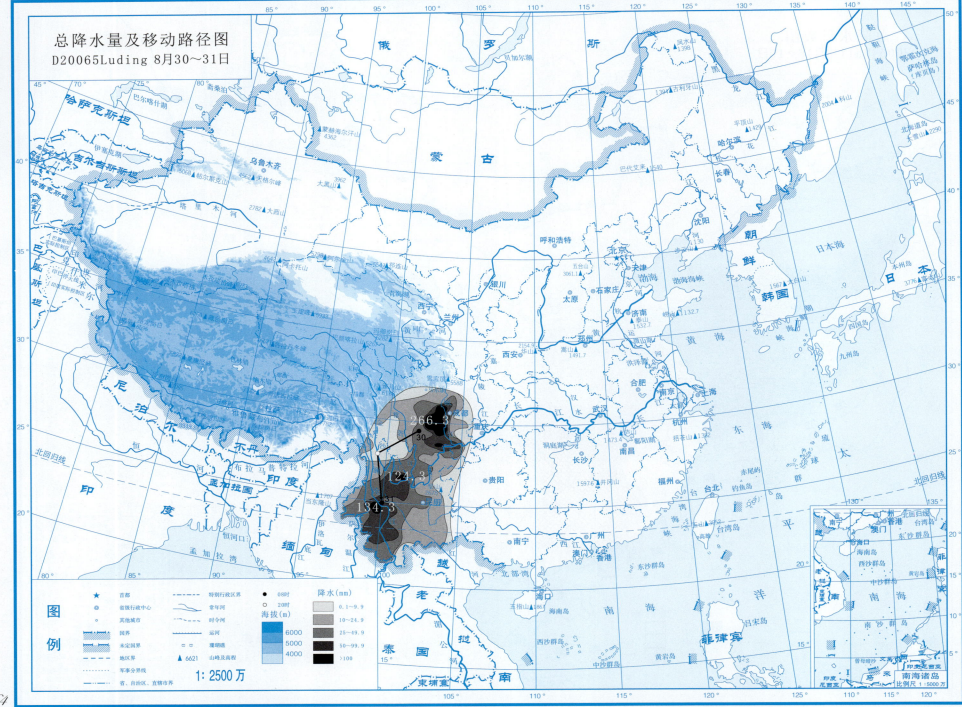

总降水日数图
D20065Luding 8月30~31日

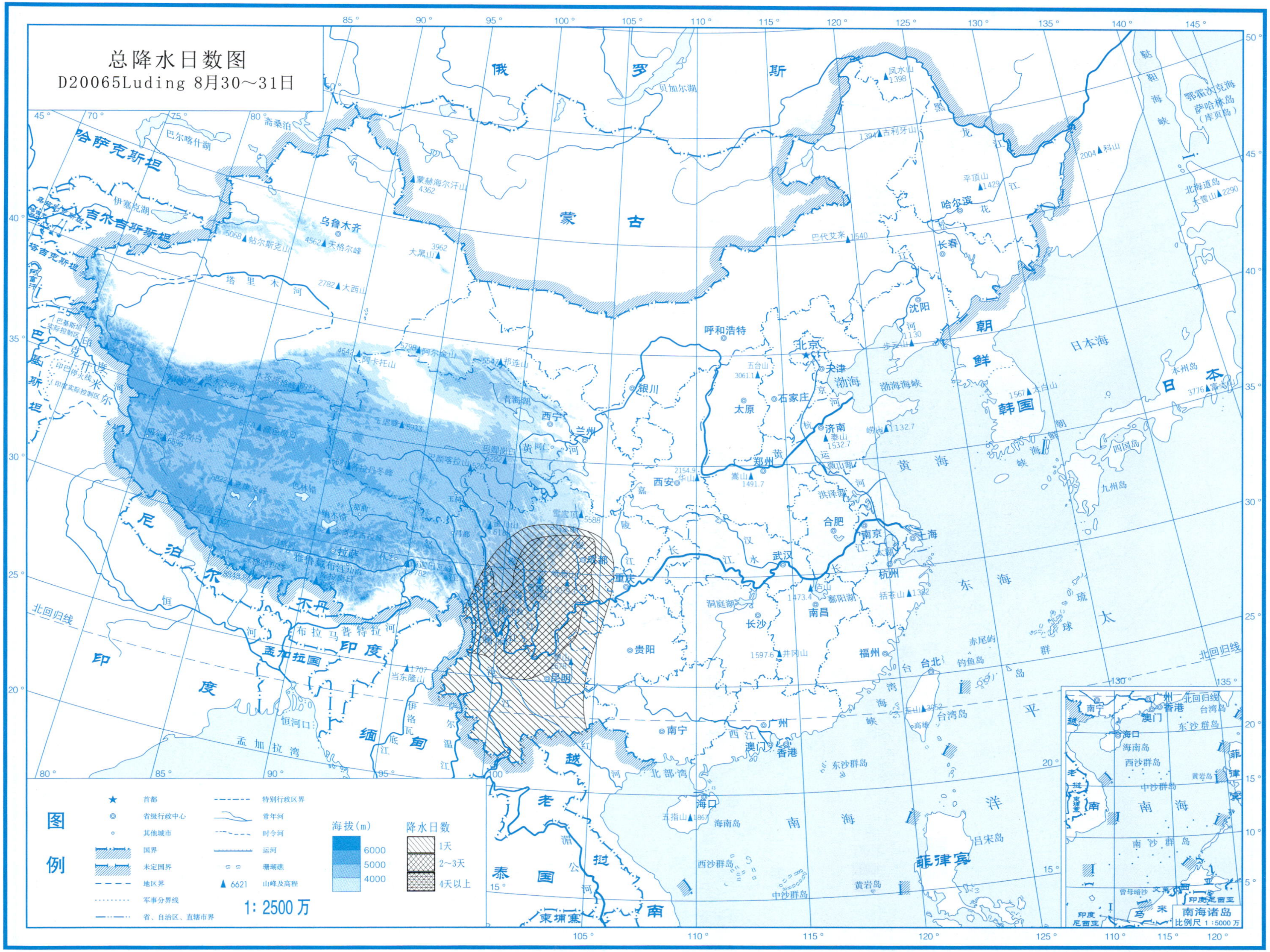

图例

符号	说明
★	首都
◎	省级行政中心
○	其他城市
——	国界
⋯⋯	未定国界
– –	地区界
⋯⋯	军事分界线
—·—	省、自治区、直辖市界
----	特别行政区界
——	常年河
----	时令河
==	运河
∘∘	珊瑚礁
▲6621	山峰及高程

海拔(m): 6000 / 5000 / 4000

降水日数：
- 1天
- 2~3天
- 4天以上

1:2500万

南海诸岛 比例尺 1:5000万

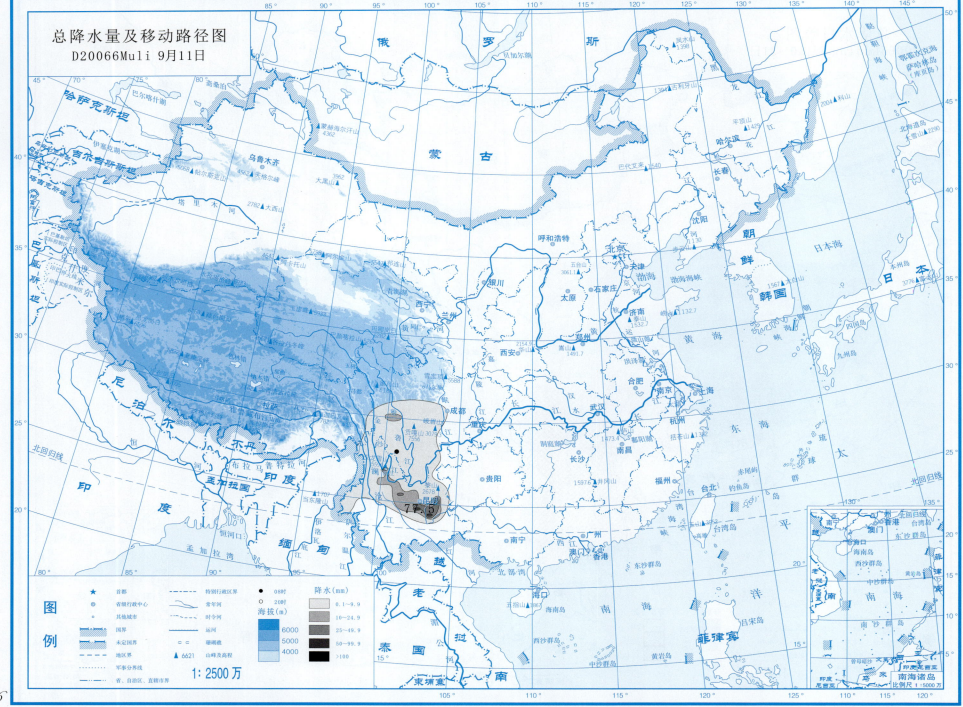

总降水日数图
D20066Muli 9月11日

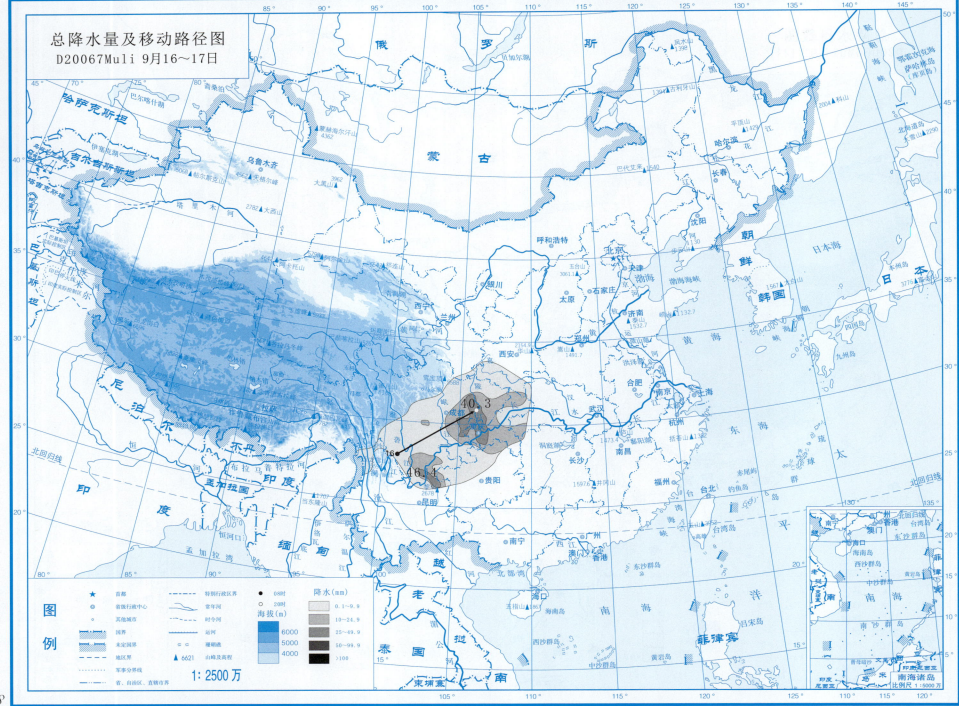

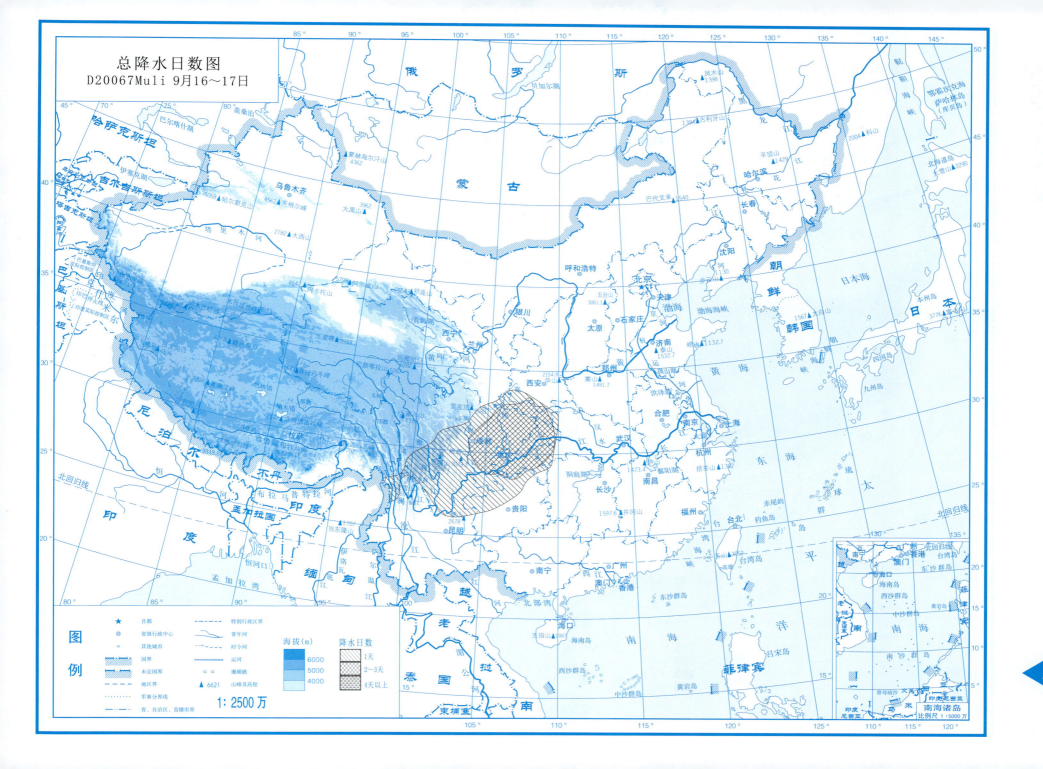

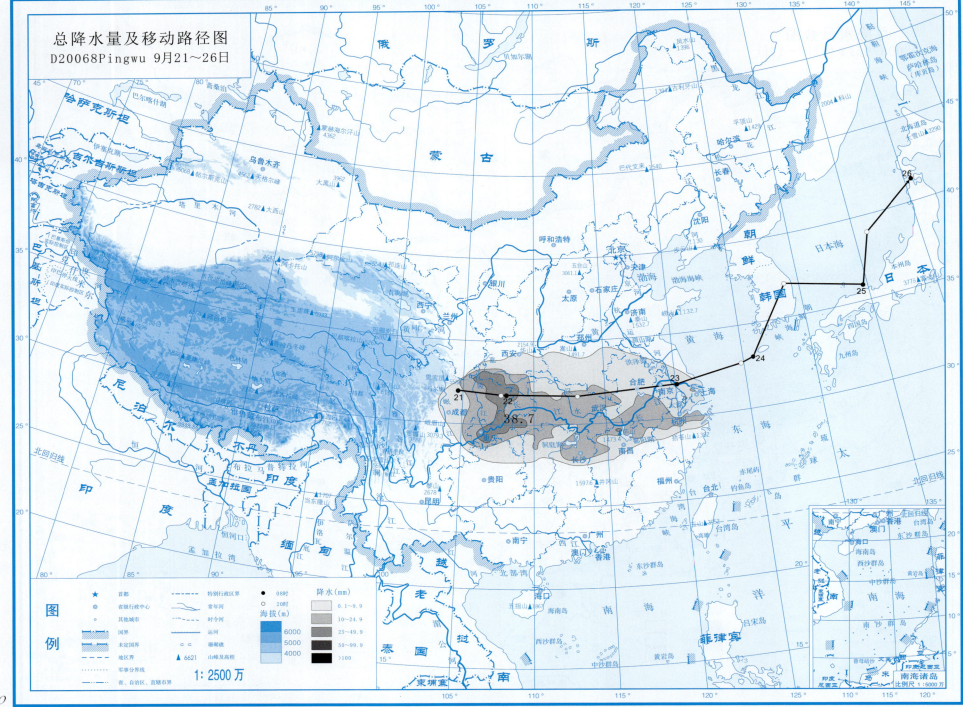

总降水日数图
D20068Pingwu 9月21~26日

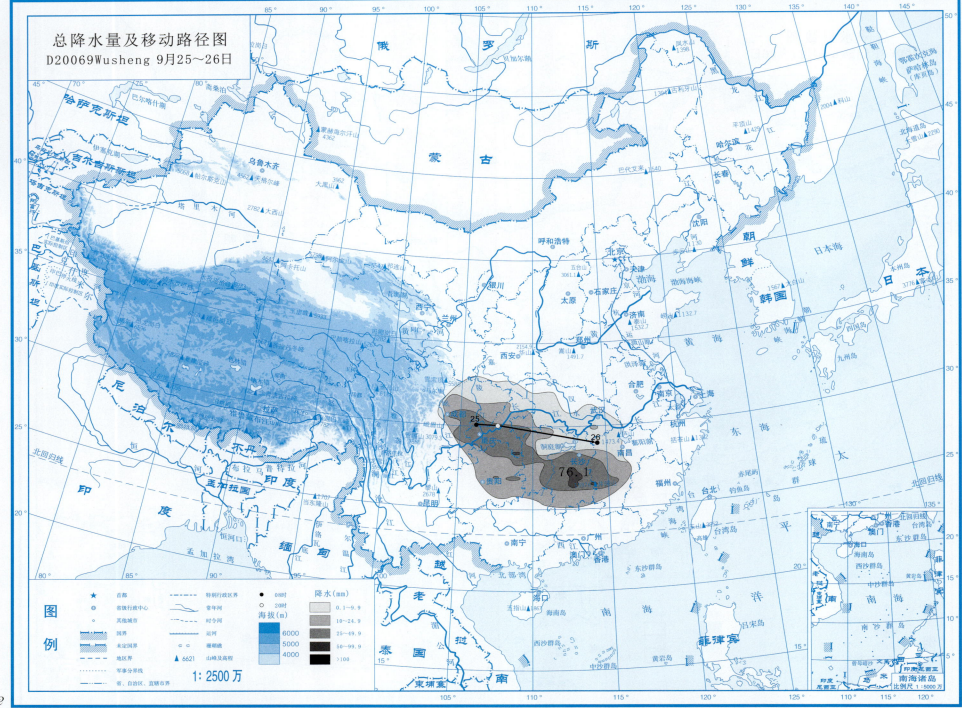

总降水日数图
D20069Wusheng 9月25～26日

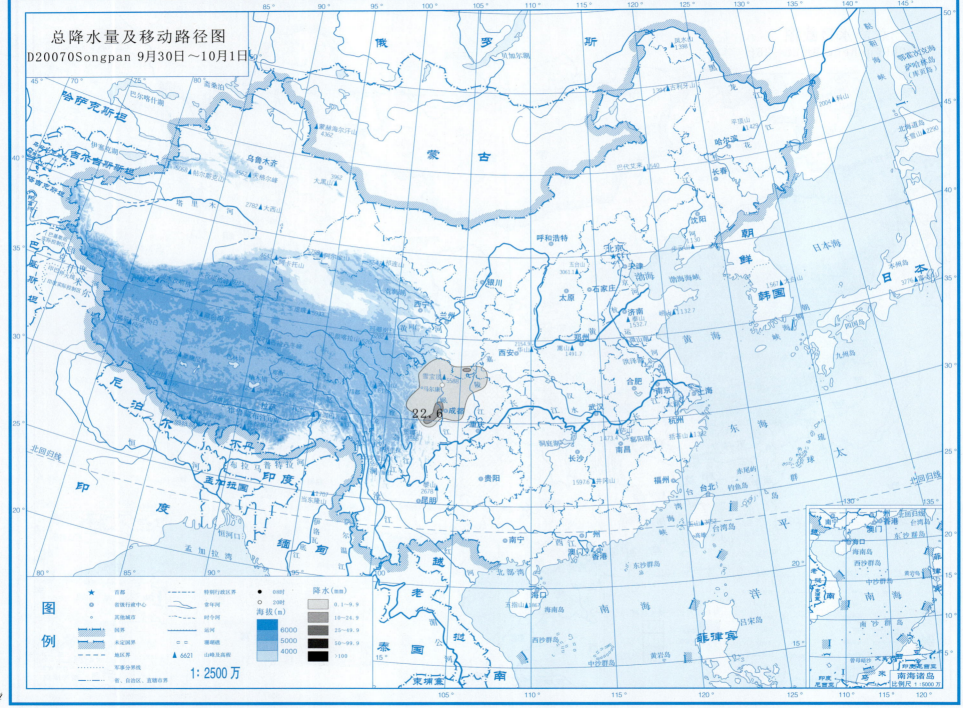

总降水日数图
D20070Songpan 9月30日～10月1日

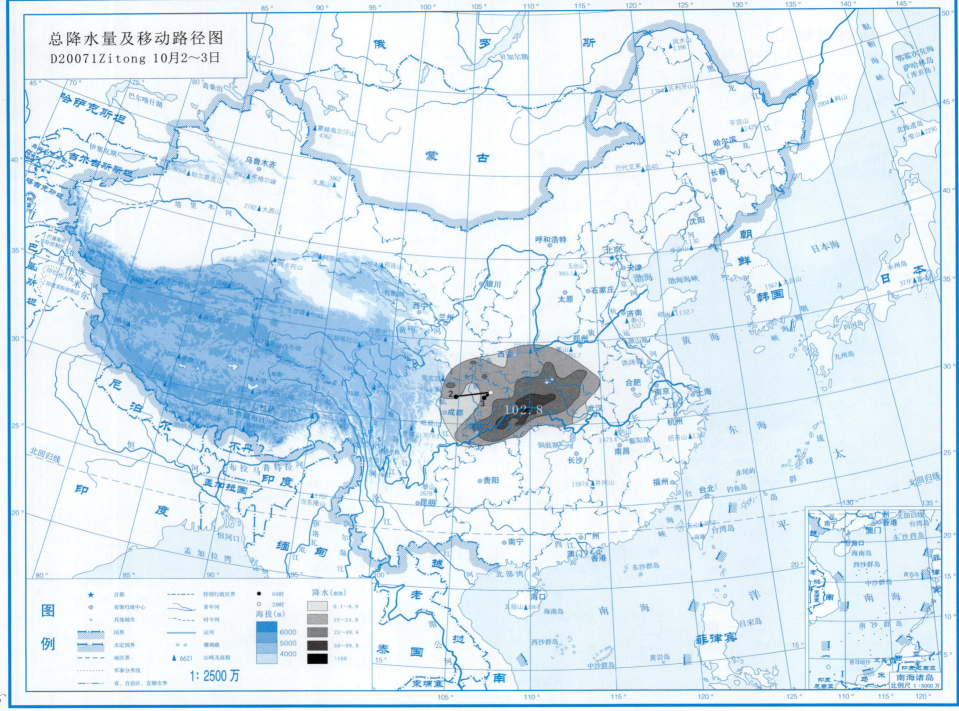

总降水日数图
D20071Zitong 10月2~3日

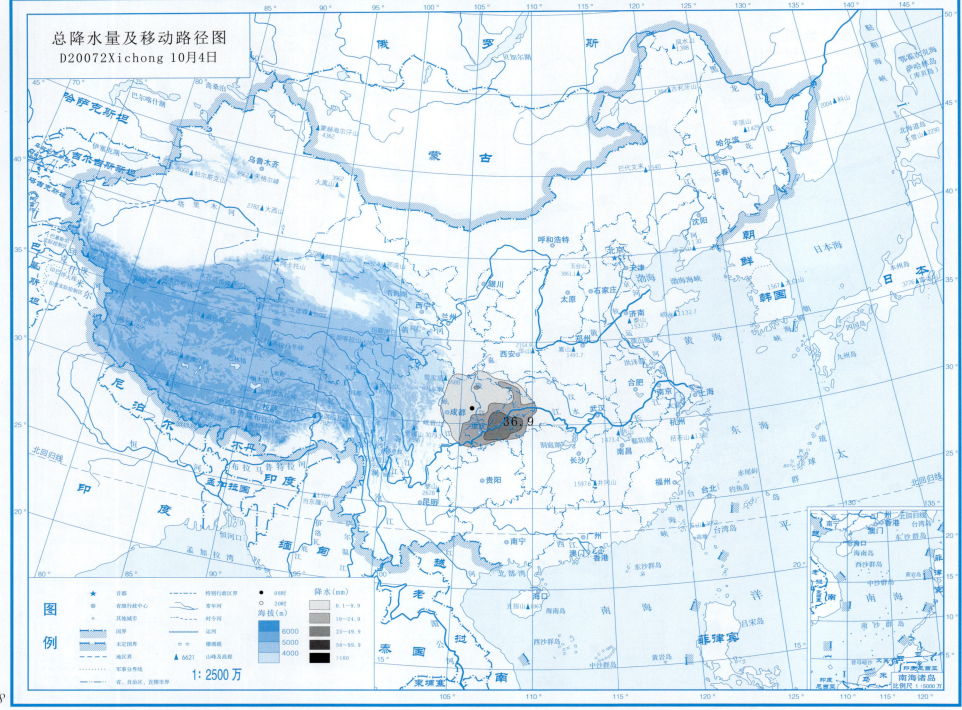

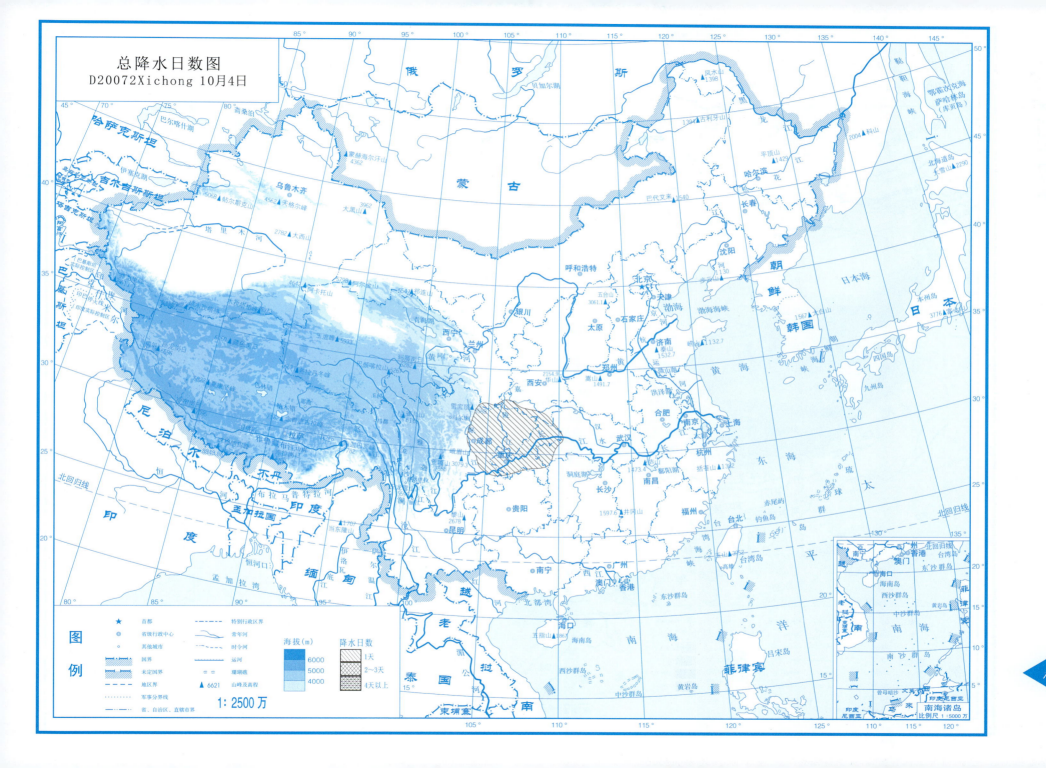

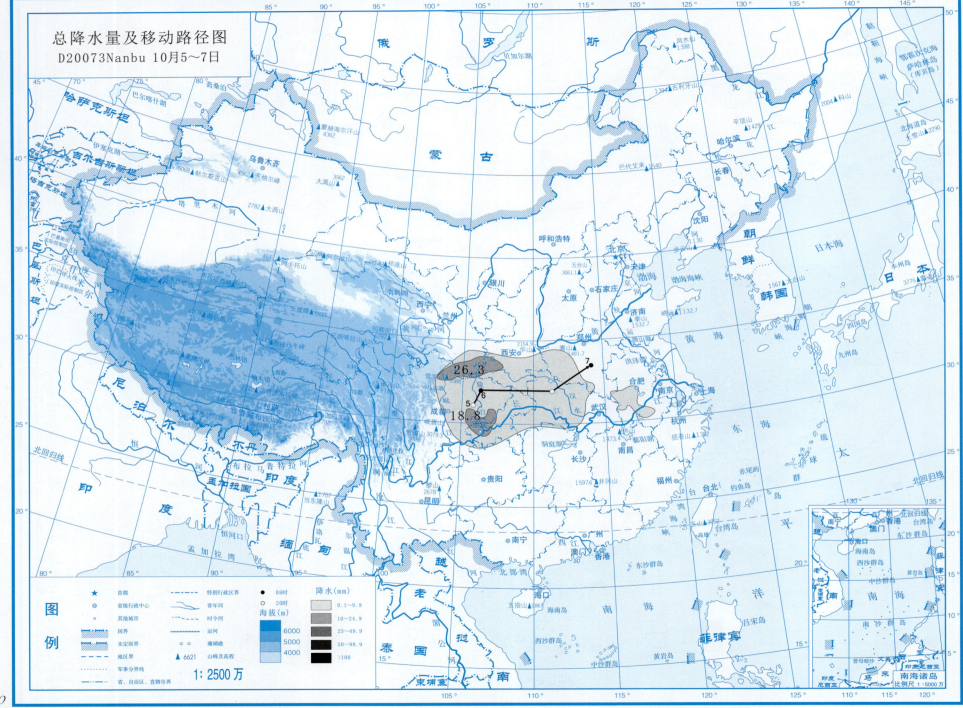

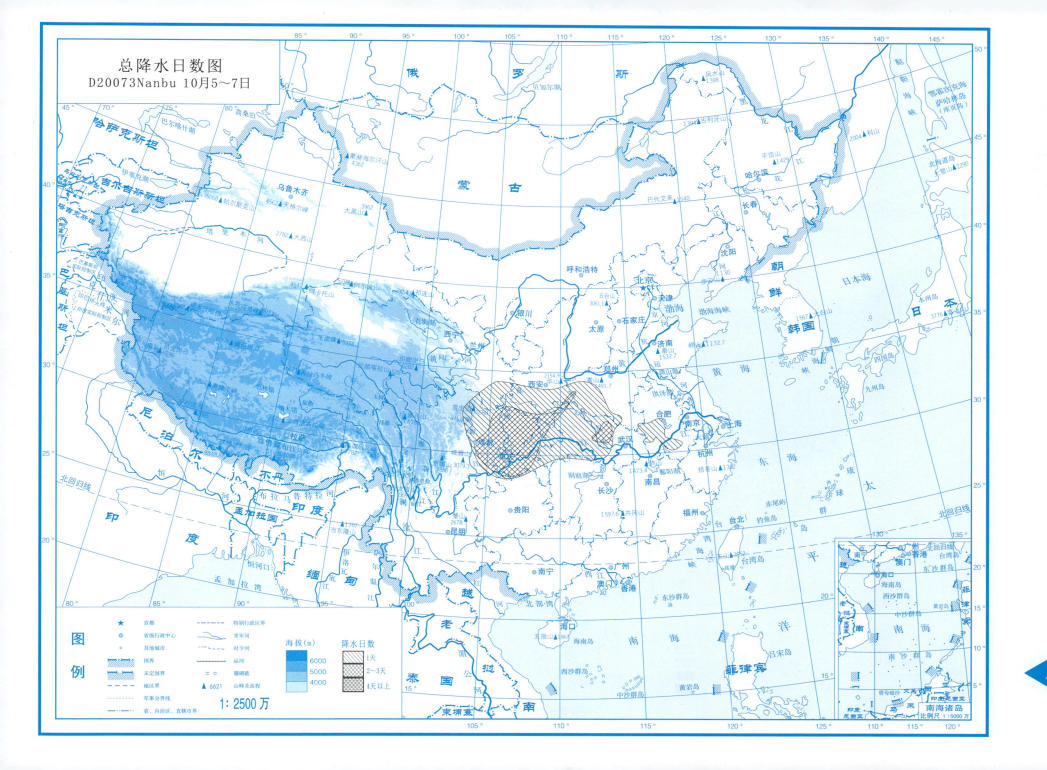

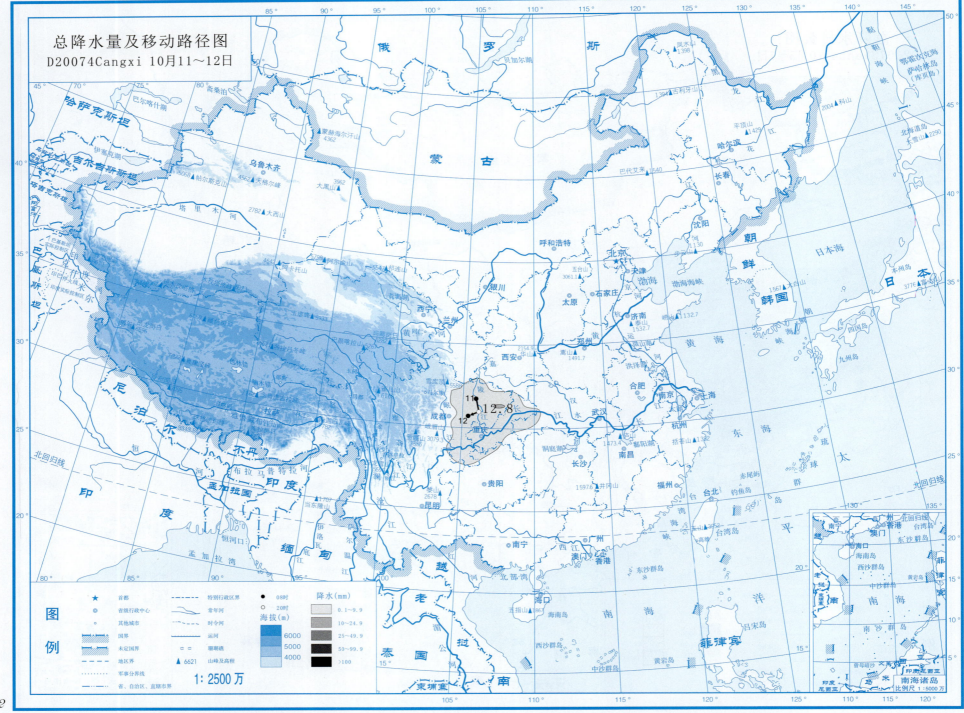

总降水日数图

D20074Cangxi 10月11~12日

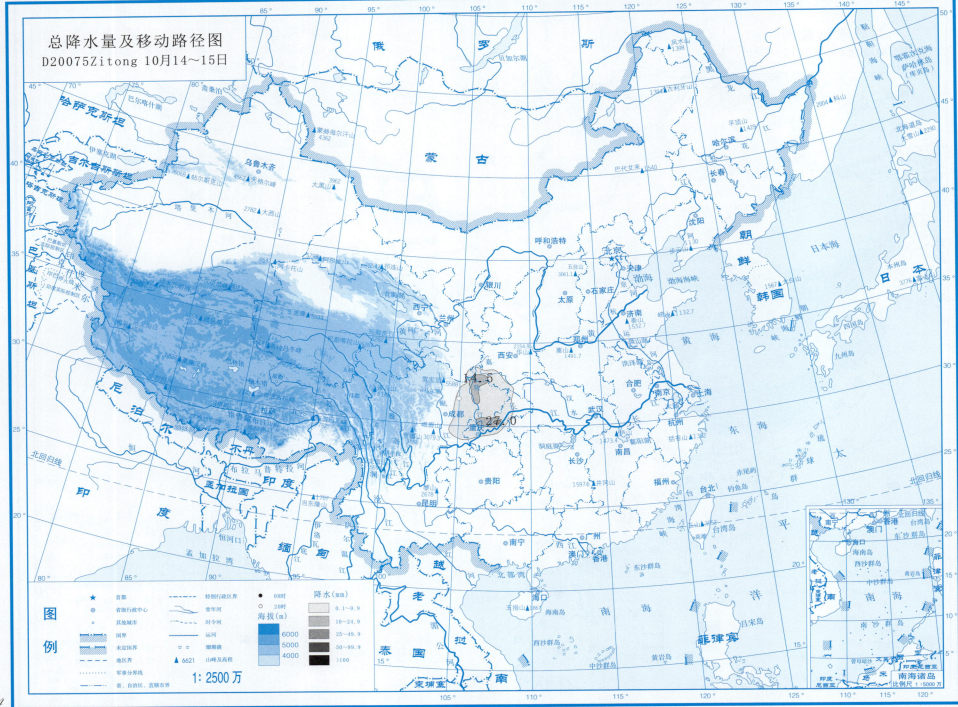

总降水日数图

D20075Zitong 10月14～15日

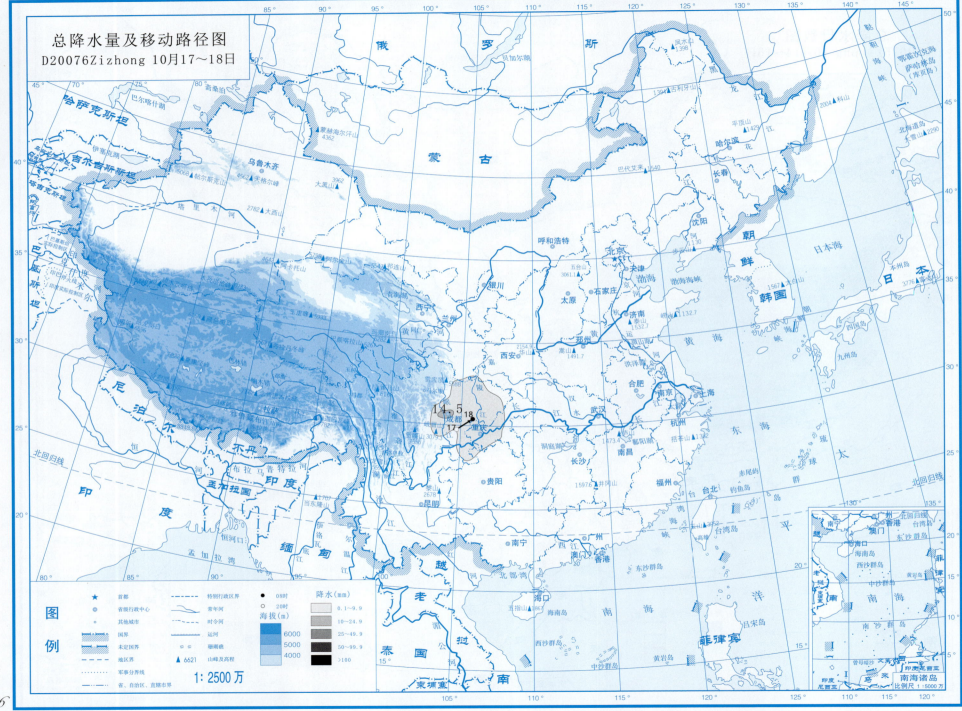

总降水日数图
D20076Zizhong 10月17～18日

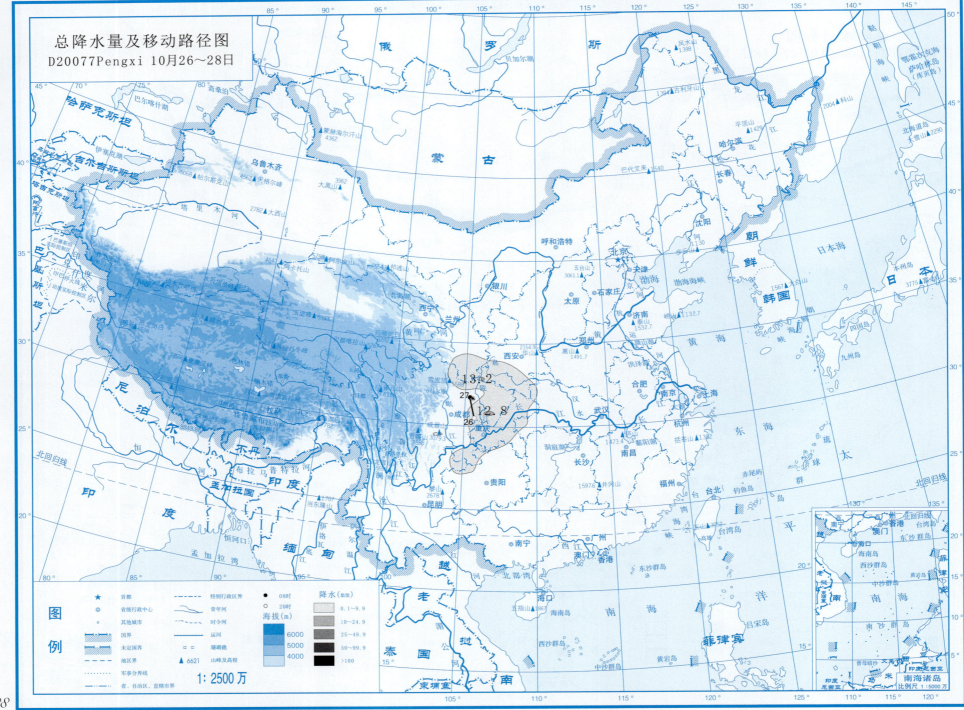

总降水日数图

D20077Pengxi 10月26~28日

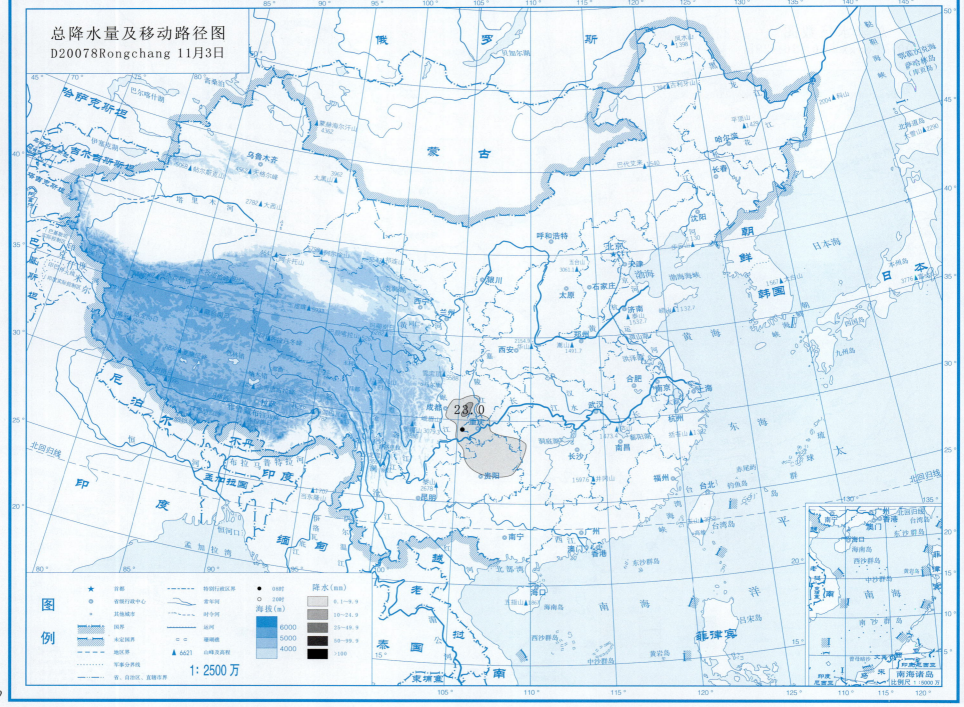

总降水日数图

D20078Rongchang 11月3日

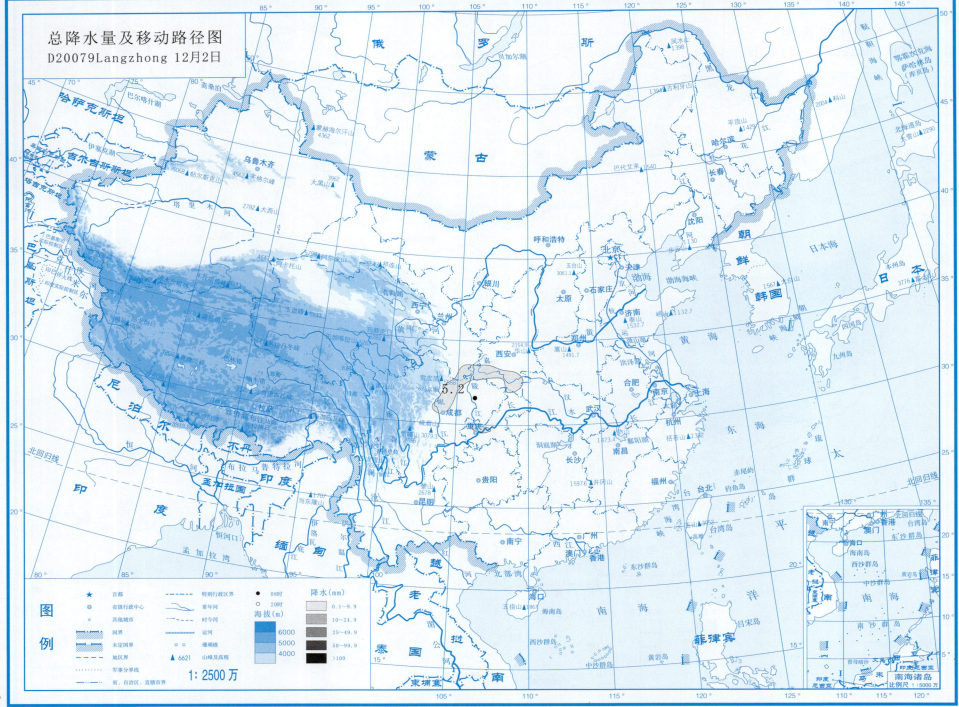

总降水日数图

D20079Langzhong 12月2日

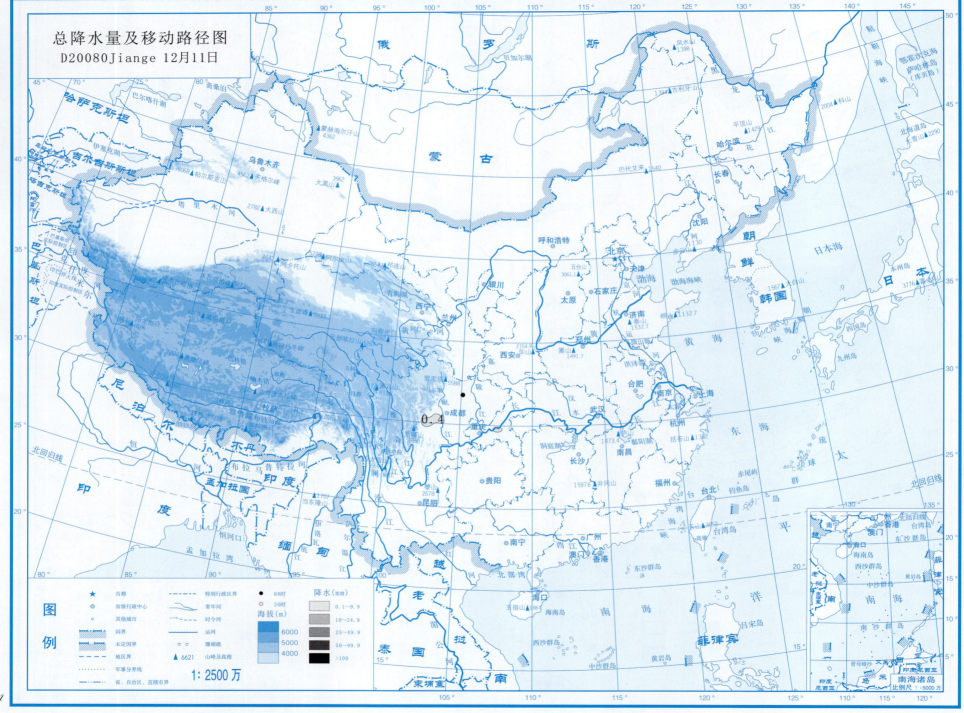

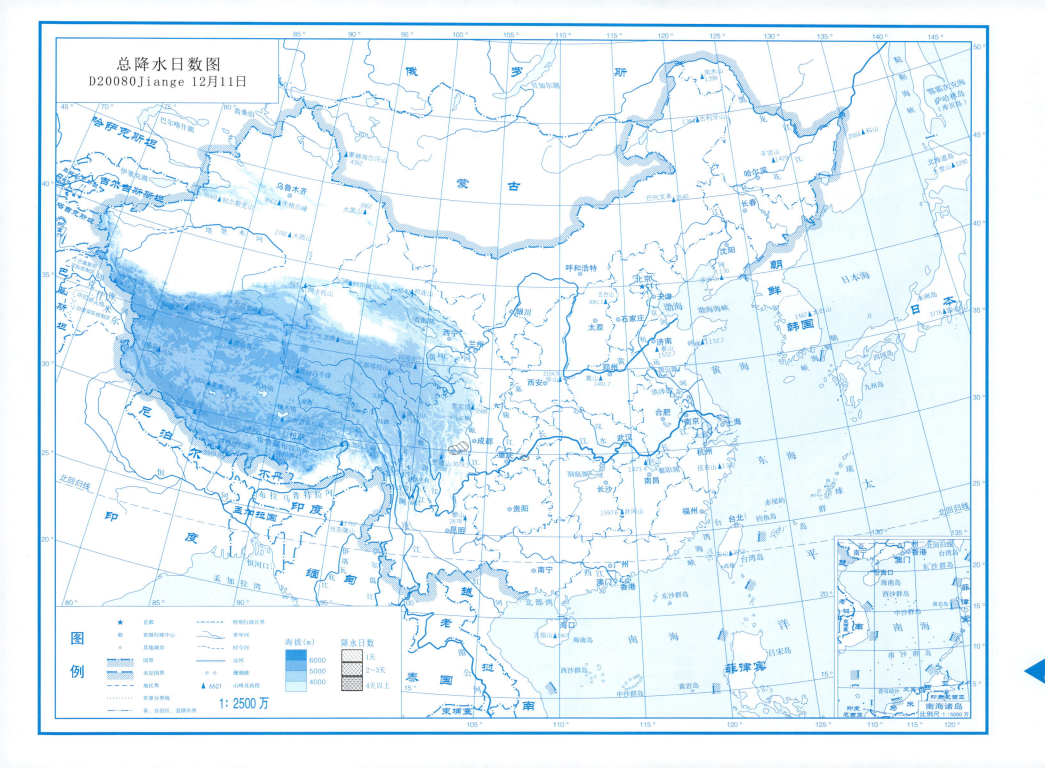

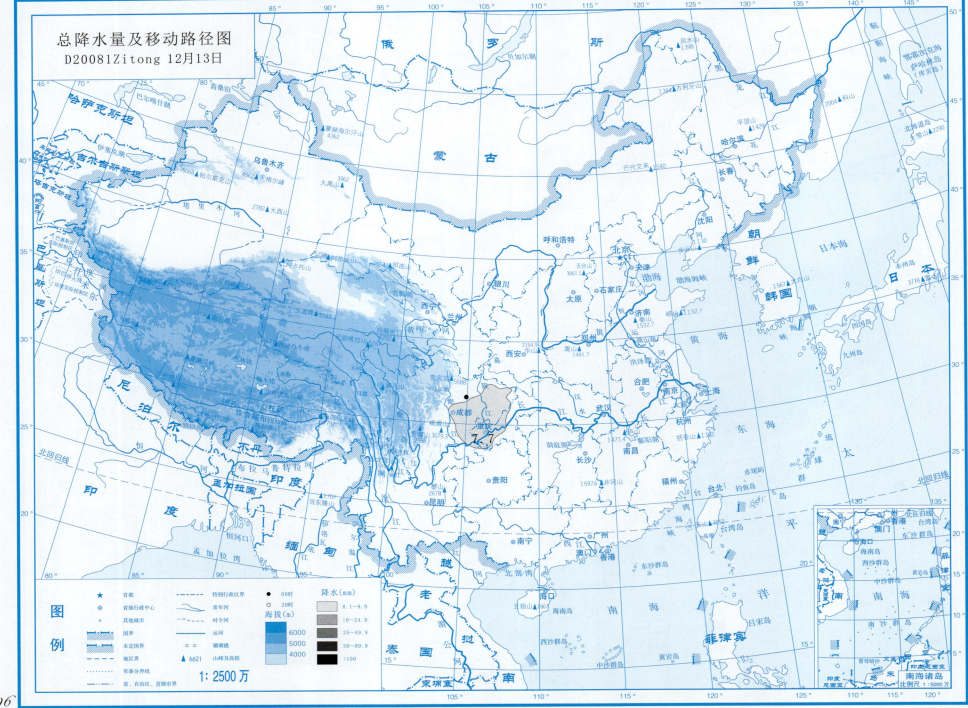

总降水日数图
D20081Zitong 12月13日

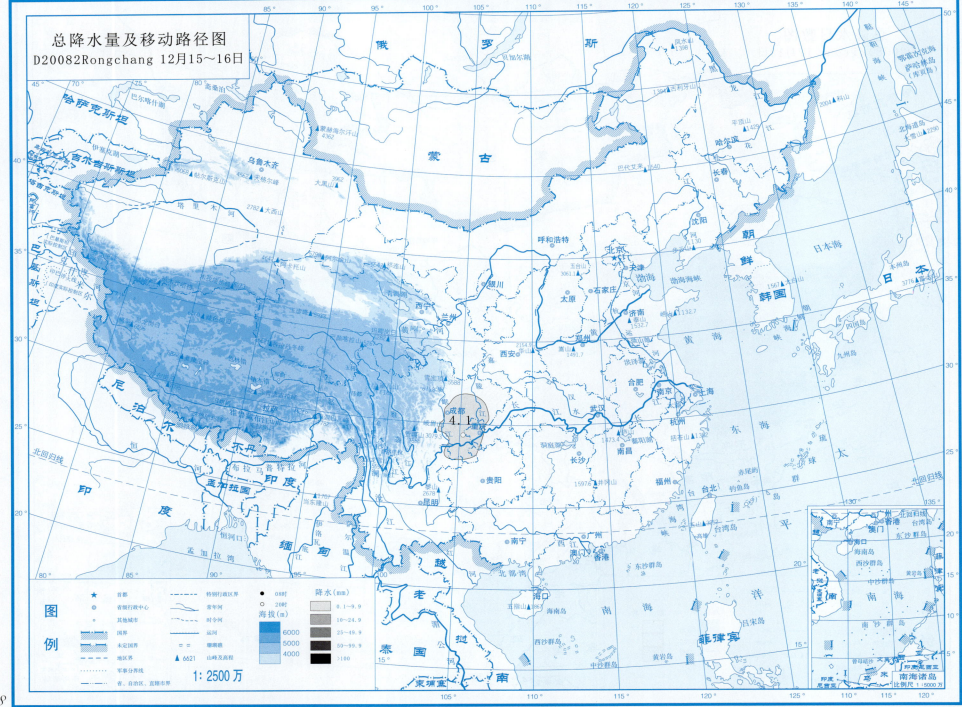

总降水日数图

D20082Rongchang 12月15～16日

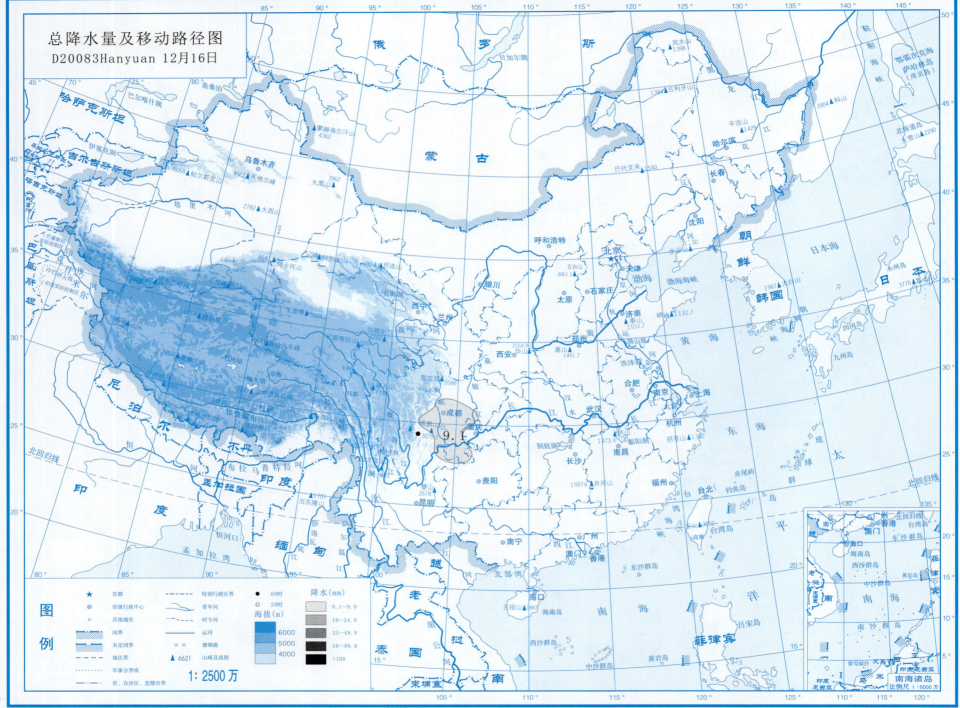

总降水日数图

D20083Hanyuan 12月16日

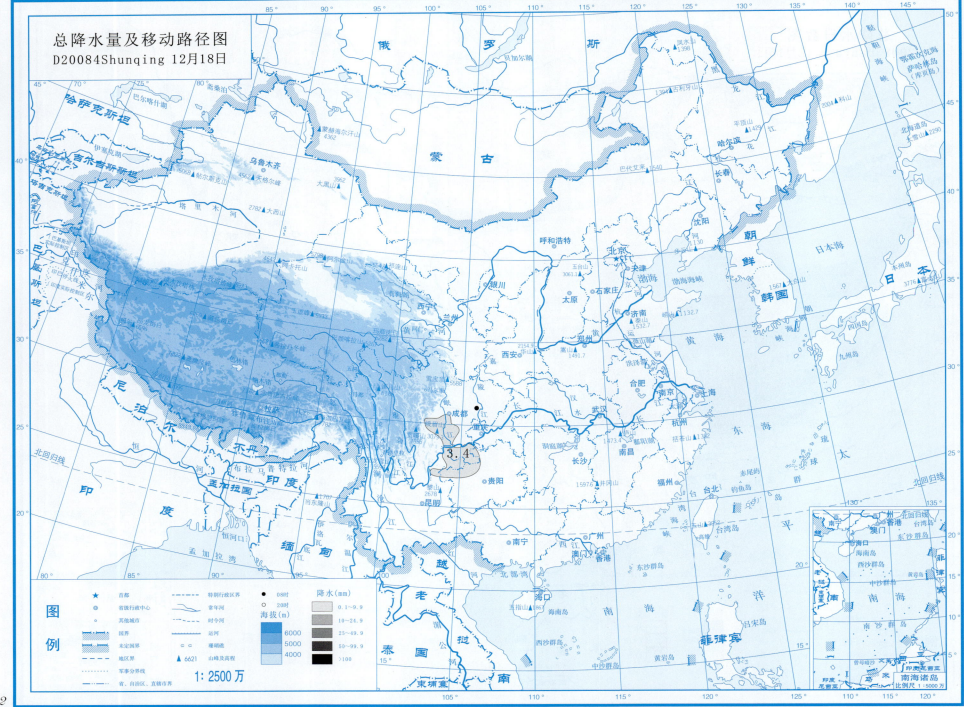

总降水日数图

D20084Shunqing 12月18日

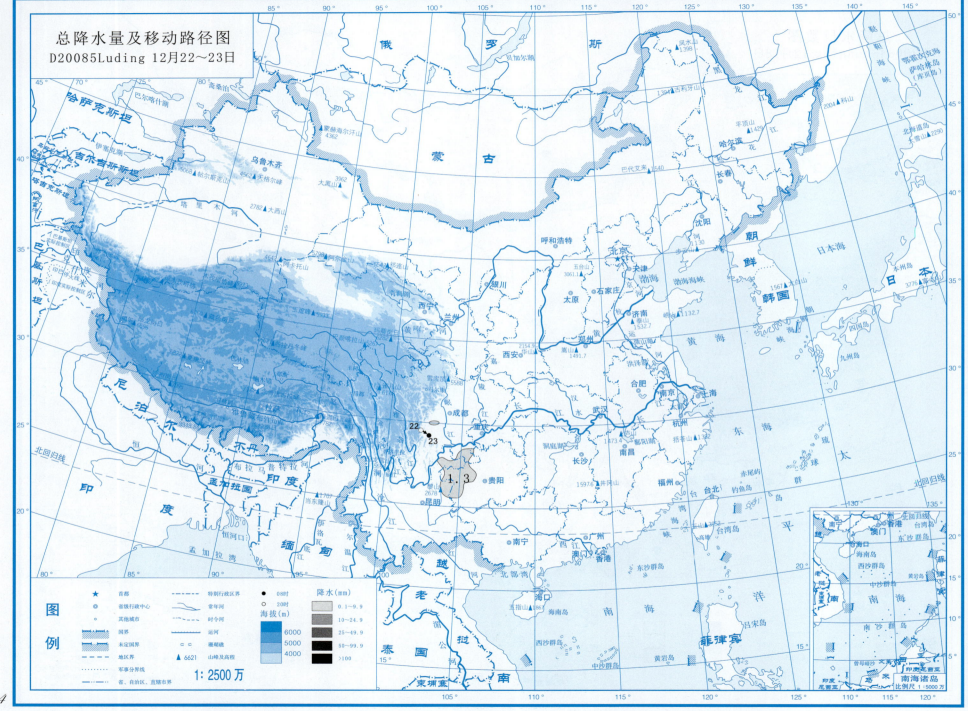

总降水日数图
D20085Luding 12月22~23日

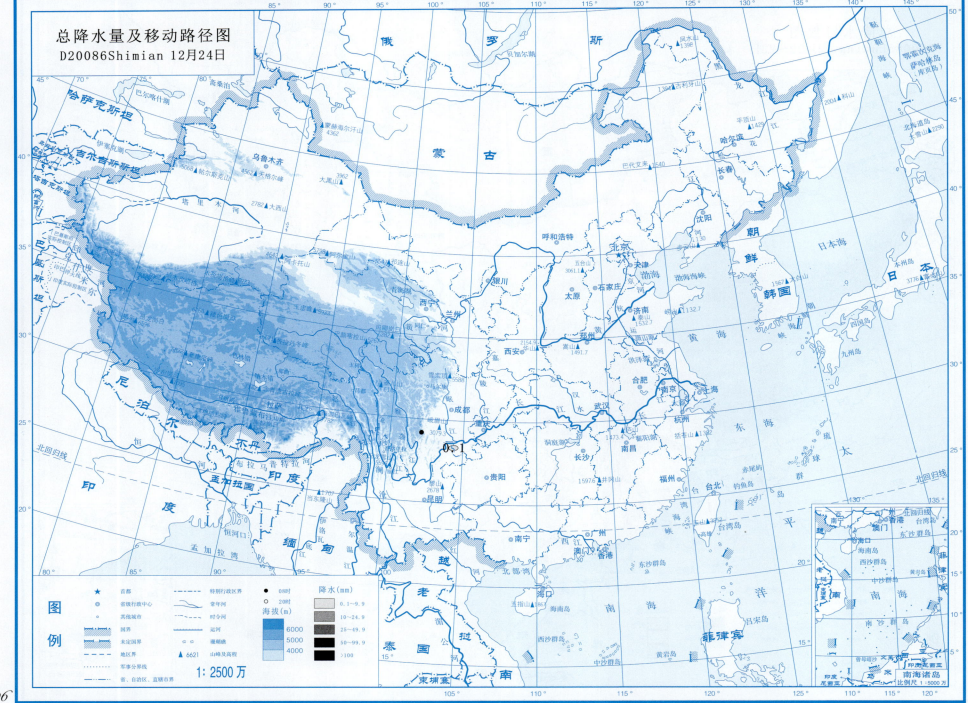

总降水日数图

D20086Shimian 12月24日

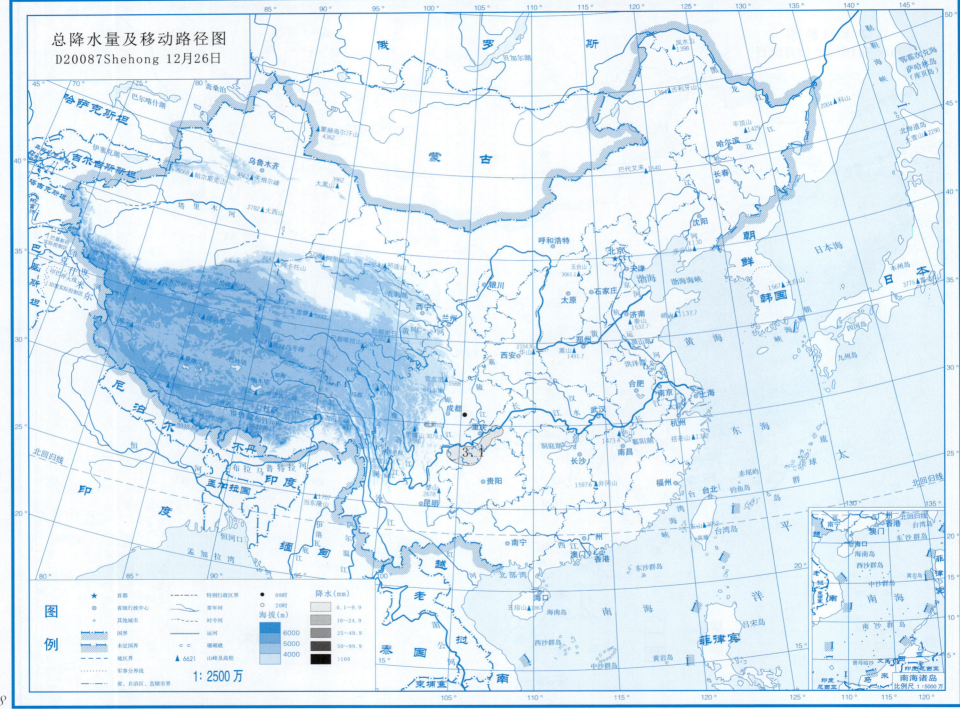

总降水日数图

D20087Shehong 12月26日

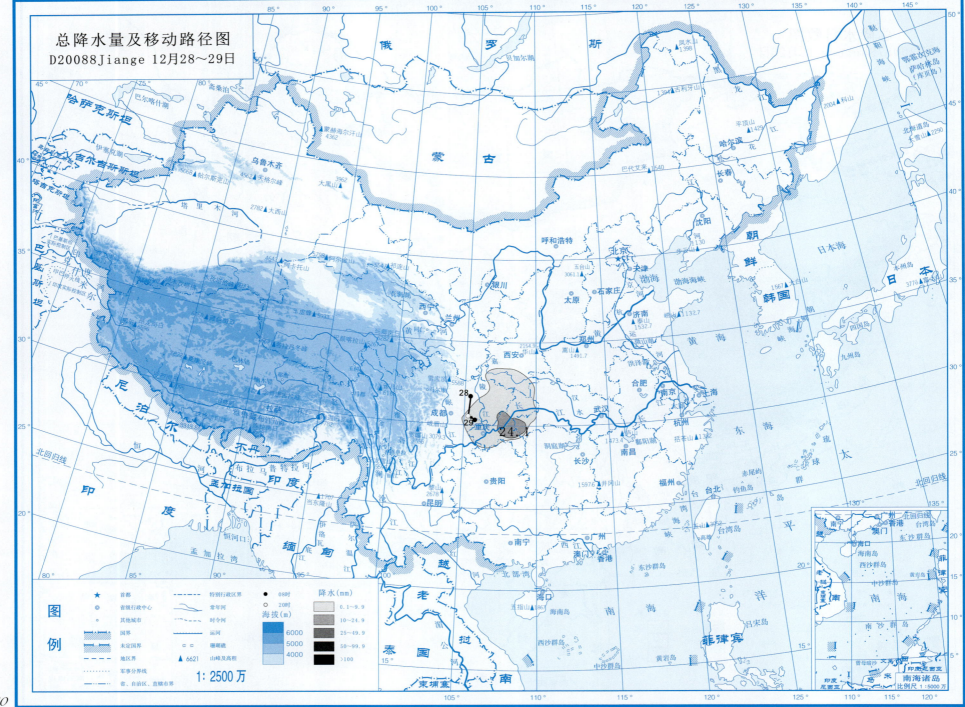

总降水日数图

D20088Jiange 12月28~29日

2020年西南低涡中心位置资料表

月	日	时	中心位置 东经/(°)	中心位置 北纬/(°)	位势高度/位势什米	月	日	时	中心位置 东经/(°)	中心位置 北纬/(°)	位势高度/位势什米	月	日	时	中心位置 东经/(°)	中心位置 北纬/(°)	位势高度/位势什米
① 1月2~3日 (D20001) 梓潼，Zitong							⑤ 1月17~18日 (D20005) 红原，Hongyuan							⑧ 2月1~2日 (D20008) 北川，Beichuan				
1	2	20	105.24	31.51	309	1	17	20	103.27	32.95	304	2	1	20	104.17	31.89	304
	3	08	107.21	31.99	309		18	08	107.21	31.99	304		2	08	107.38	30.70	307
			消失						消失					20	107.50	30.10	307
② 1月8日 (D20002) 松潘，Songpan							⑥ 1月22~25日 (D20006) 中江，Zhongjiang							消失				
1	8	20	103.69	32.81	302	1	22	20	105.15	30.67	304	⑨ 2月3日 (D20009) 盐源，Yanyuan					
			消失				23	08	104.31	31.68	304	2	3	08	101.44	27.51	308
③ 1月9~10日 (D20003) 梓潼，Zitong								20	106.44	30.50	305				消失		
1	9	20	105.08	31.82	302		24	08	105.99	30.74	307	⑩ 2月8日 (D20010) 九龙，Jiulong					
	10	08	106.66	32.14	303			20	106.83	31.87	308	2	8	08	102.09	29.16	309
			消失				25	08	106.88	32.61	307				消失		
④ 1月11日 (D20004) 石棉，Shimian							消失					⑪ 2月11日 (D20011) 荣县，Rongxian					
1	11	08	102.49	29.21	308	⑦ 1月30日 (D20007) 荥经，Yingjing						2	11	08	104.24	29.58	306
						1	30	08	102.91	29.71	306						
			消失						消失						消失		

2020年西南低涡中心位置资料表（续-1）

月	日	时	中心位置 东经/(°)	中心位置 北纬/(°)	位势高度/位势什米	月	日	时	中心位置 东经/(°)	中心位置 北纬/(°)	位势高度/位势什米	月	日	时	中心位置 东经/(°)	中心位置 北纬/(°)	位势高度/位势什米
⑫ 2月14日 (D20012) 昭化, Zhaohua						⑯ 3月1日 (D20016) 仪陇, Yilong						⑳ 3月9~10日 (D20020) 木里, Muli						
2	14	08	105.67	32.25	301	3	1	08	106.34	31.40	309	3	9	08	101.33	28.41	305
			消失						消失					20	101.85	28.96	303
⑬ 2月15日 (D20013) 雅江, Yajiang						⑰ 3月3日 (D20017) 恩阳, Enyang							10	08	100.80	27.45	308
2	15	08	101.01	29.13	304	3	3	08	106.52	31.71	307				消失		
		20	100.43	27.93	307				消失			㉑ 3月13日 (D20021) 嘉陵, Jialing					
			消失			⑱ 3月4日 (D20018) 船山, Chuanshan						3	13	08	106.05	30.74	310
⑭ 2月25日 (D20014) 安岳, Anyue						3	4	08	105.61	30.42	309				消失		
2	25	08	105.04	30.00	308				消失			㉒ 3月27日 (D20022) 渠县, Quxian					
			消失			⑲ 3月8日 (D20019) 宣汉, Xuanhan						3	27	08	107.05	31.06	306
⑮ 2月28~29日 (D20015) 泸定, Luding						3	8	20	107.80	31.58	300			20	110.33	31.34	307
2	28	20	102.27	29.73	307										消失		
2	29	08	103.11	29.61	306							㉓ 3月30日 (D20023) 垫江, Dianjiang					
									消失			3	30	20	107.37	30.25	304
			消失												消失		

2020年西南低涡中心位置资料表（续-2）

月	日	时	中心位置 东经/(°)	中心位置 北纬/(°)	位势高度/位势什米	月	日	时	中心位置 东经/(°)	中心位置 北纬/(°)	位势高度/位势什米	月	日	时	中心位置 东经/(°)	中心位置 北纬/(°)	位势高度/位势什米
㉔ 4月4~5日						㉗ 4月6~7日						㉛ 4月20~21日						
（D20024）西充，Xichong						（D20027）盐源，Yanyuan						（D20031）仪陇，Yilong						
4	4	08	105.81	31.04	311	4	6	20	101.49	27.54	306	4	20	20	106.71	31.57	308
		20	106.37	30.81	311		7	08	101.42	27.49	309		21	08	107.02	32.00	308
	5	08	105.87	31.02	310			20	101.60	27.72	305		消失					
	消失							消失						㉜ 4月22~23日						
㉕ 4月4~5日						㉘ 4月13日						（D20032）安居，Anju						
（D20025）木里，Muli						（D20028）邻水，Linshui						4	22	20	105.35	30.47	308
4	4	20	101.64	28.24	309	4	13	20	107.00	30.19	309		23	08	105.71	30.45	311
	5	08	101.41	27.77	311		消失							消失					
	消失						㉙ 4月15~16日						㉝ 4月24~25日						
㉖ 4月6~7日						（D20029）松潘，Songpan						（D20033）合江，Hejiang						
（D20026）武胜，Wusheng						4	15	20	103.43	32.99	305	4	24	20	105.65	28.81	312
4	6	20	106.15	30.44	308		16	08	105.40	31.78	306		25	08	107.33	27.86	312
	7	08	106.20	31.06	308			20	104.51	30.26	307			20	108.04	27.71	312
	消失							消失							消失					
						㉚ 4月18日						㉞ 5月4日						
						（D20030）松潘，Songpan						（D20034）梁平，Liangping						
						4	18	20	103.75	32.54	306	5	4	20	107.82	30.65	308
							消失							消失					

2020年西南低涡中心位置资料表（续-3）

月	日	时	中心位置 东经/(°)	北纬/(°)	位势高度/位势什米	月	日	时	中心位置 东经/(°)	北纬/(°)	位势高度/位势什米	月	日	时	中心位置 东经/(°)	北纬/(°)	位势高度/位势什米
㉟ 5月7日 (D20035) 游仙, Youxian							㊴ 5月20~21日 (D20039) 南部, Nanbu							㊸ 5月31日 (D20043) 资中, Zizhong				
5	7	08	104.80	31.63	304	5	20	08	105.95	31.33	306	5	31	08	104.86	29.79	311
		20	107.96	32.56	303			20	109.78	31.32	307			20	107.91	30.31	310
	消失							21	08	112.41	31.44	308		消失				
㊱ 5月8~9日 (D20036) 天全, Tianquan									20	116.93	31.37	308	㊹ 6月2日 (D20044) 铜梁, Tongliang				
5	8	08	102.33	29.89	308		消失						6	2	08	106.06	29.99	308
		20	104.40	31.99	307	㊵ 5月20日 (D20040) 冕宁, Mianning								消失				
	9	08	107.30	32.04	307	5	20	08	102.26	28.81	306	㊺ 6月4日 (D20045) 丰都, Fengdu				
	消失								20	102.17	29.32	307	6	4	08	108.01	30.00	308
㊲ 5月14日 (D20037) 潼南, Tongnan								消失								20	108.26	29.68	308
5	14	08	105.92	30.13	308	㊶ 5月24日 (D20041) 泸定, Luding								消失				
		20	106.57	29.00	306	5	24	08	101.99	29.77	308	㊻ 6月7~8日 (D20046) 松潘, Songpan				
	消失							消失						6	7	20	103.81	32.86	306
㊳ 5月16~17日 (D20038) 盐源, Yanyuan							㊷ 5月28日 (D20042) 邻水, Linshui								8	08	105.55	30.82	307
5	16	20	101.41	27.51	309	5	28	20	107.15	30.41	309			20	107.48	31.72	309
	17	08	105.79	26.38	310		消失							消失				
	消失																

2020年西南低涡中心位置资料表（续-4）

月	日	时	中心位置		位势高度/位势什米
			东经/(°)	北纬/(°)	
㊼6月10日					
（D20047）康定，Kangding					
6	10	08	101.89	29.36	310
消失					
㊽6月12～13日					
（D20048）忠县，Zhongxian					
6	12	20	107.95	30.29	306
	13	08	107.79	29.35	308
		20	106.43	31.25	310
消失					
㊾6月13～14日					
（D20049）玉龙，Yulong					
6	13	20	100.31	27.33	308
	14	08	101.05	24.99	312
消失					
㊿6月17日					
（D20050）木里，Muli					
6	17	20	101.27	27.76	307
消失					

月	日	时	中心位置		位势高度/位势什米
			东经/(°)	北纬/(°)	
(51)6月20~26日					
（D20051）通江，Tongjiang					
6	20	20	107.20	31.85	306
	21	08	106.80	31.58	304
		20	106.71	32.11	305
	22	08	112.40	35.85	307
		20	113.46	36.02	307
	23	08	116.18	36.70	306
		20	118.94	36.64	304
	24	08	122.06	38.58	302
		20	124.00	38.96	302
	25	08	125.72	39.44	303
		20	124.88	42.30	302
	26	08	126.13	43.08	299
		20	134.28	44.18	300
消失					

月	日	时	中心位置		位势高度/位势什米
			东经/(°)	北纬/(°)	
(52)6月26～28日					
（D20052）井研，Jingyan					
6	26	20	104.09	29.78	306
	27	08	105.88	31.09	305
		20	107.24	31.87	305
	28	08	108.31	31.73	306
		20	108.31	31.92	307
消失					
(53)6月29～7月2日					
（D20053）嘉陵，Jialing					
6	29	20	106.03	30.57	308
	30	08	105.48	29.14	309
		20	105.63	29.14	309
7	1	08	105.47	30.57	309
		20	106.06	31.13	308
	2	08	108.46	30.80	308
消失					
(54)7月3日					
（D20054）江津，Jiangjin					
7	3	08	106.28	28.97	310
消失					

2020年西南低涡中心位置资料表（续-5）

月	日	时	中心位置 东经/(°)	中心位置 北纬/(°)	位势高度/位势什米	月	日	时	中心位置 东经/(°)	中心位置 北纬/(°)	位势高度/位势什米	月	日	时	中心位置 东经/(°)	中心位置 北纬/(°)	位势高度/位势什米
⑤⑤ 7月5～9日 (D20055) 嘉陵, Jialing						⑤⑦ 7月10～16日 (D20057) 盐亭, Yanting						⑤⑧ 7月14～15日 (D20058) 汉源, Hanyuan					
7	5	08	105.83	30.77	308	7	10	20	105.53	31.37	303	7	14	20	102.38	29.57	309
		20	107.01	30.67	306		11	08	105.37	31.03	302		15	08	105.01	30.23	309
	6	08	108.37	31.13	306			20	108.03	32.61	304	消失					
		20	106.33	30.12	307		12	08	115.51	35.25	306	⑤⑨ 7月24日 (D20059) 泸定, Luding					
	7	08	106.29	30.89	309			20	119.33	36.80	305						
		20	108.50	30.71	309		13	08	124.12	37.01	304	7	24	20	102.08	29.78	310
	8	08	108.38	31.16	309			20	125.10	37.02	303	消失					
		20	108.78	28.77	309		14	08	128.09	36.01	302	⑥⓪ 8月11～12日 (D20060) 石棉, Shimian					
	9	08	112.39	29.34	306			20	134.16	37.17	302						
		20	114.47	29.32	306		15	08	139.07	38.79	301	8	11	20	102.47	29.29	306
消失								20	142.97	43.03	302		12	08	102.51	29.58	307
⑤⑥ 7月7日 (D20056) 九龙, Jiulong							16	08	143.45	43.82	303	消失					
												⑥① 8月13日 (D20061) 大姚, Dayao					
7	7	08	101.73	28.78	309												
												8	13	08	101.10	26.13	310
消失						消失						消失					

2020年西南低涡中心位置资料表（续-6）

月	日	时	中心位置 东经/(°)	中心位置 北纬/(°)	位势高度/位势什米	月	日	时	中心位置 东经/(°)	中心位置 北纬/(°)	位势高度/位势什米	月	日	时	中心位置 东经/(°)	中心位置 北纬/(°)	位势高度/位势什米
⑥2 8月13日						⑥5 8月30~31日						⑥8 9月21~26日						
（D20062）射洪，Shehong						（D20065）泸定，Luding						（D20068）平武，Pingwu						
8	13	08	105.46	30.86	310	8	30	08	102.13	29.57	311	9	21	08	104.81	32.03	309
		20	105.13	30.09	309			20	99.45	27.95	310			20	107.88	31.85	310
	消失							31	08	100.09	25.05	312		22	08	108.23	31.83	311
⑥3 8月15日								消失							20	113.22	31.73	311
（D20063）天全，Tianquan						⑥6 9月11日							23	08	120.29	32.01	311
8	15	20	102.33	29.96	307	（D20066）木里，Muli								20	125.07	32.80	311
	消失					9	11	08	100.95	28.12	312		24	08	125.94	33.09	310
⑥4 8月16~19日								消失							20	129.12	37.08	309
（D20064）木里，Muli						⑥7 9月16日							25	08	134.89	35.99	307
8	16	20	101.54	28.56	307	（D20067）木里，Muli								20	136.29	39.05	305
	17	08	101.07	27.98	307	9	16	08	101.10	28.11	309		26	08	140.85	41.34	305
		20	99.82	25.85	308			20	106.29	31.02	310		消失				
	18	08	98.92	25.77	309							⑥9 9月25~26日						
		20	101.84	23.61	310							（D20069）武胜，Wusheng						
	19	08	101.86	23.41	310							9	25	08	106.29	30.23	309
															20	107.75	30.13	310
	消失						消失							26	08	114.53	29.11	311
													消失				

2020年西南低涡中心位置资料表(续-7)

月	日	时	中心位置 东经/(°)	中心位置 北纬/(°)	位势高度/位势什米	月	日	时	中心位置 东经/(°)	中心位置 北纬/(°)	位势高度/位势什米	月	日	时	中心位置 东经/(°)	中心位置 北纬/(°)	位势高度/位势什米
⑩ 9月30日 (D20070) 松潘,Songpan						⑭ 10月11~12日 (D20074) 苍溪,Cangxi						⑱ 11月3日 (D20078) 荣昌,Rongchang					
9	30	20	103.86	32.28	308	10	11	08	106.10	31.85	312	11	3	08	105.42	29.57	314
消失								20	106.32	31.08	312	消失					
⑪ 10月2~3日 (D20071) 梓潼,Zitong							12	08	105.60	30.80	312	⑲ 12月2日 (D20079) 阆中,Langzhong					
10	2	08	104.97	31.74	308	消失						12	2	08	106.40	31.73	310
		20	107.40	32.05	309	⑮ 10月14日 (D20075) 梓潼,Zitong						消失					
	3	08	106.92	31.73	310	10	14	20	105.11	31.74	314	⑳ 12月11日 (D20080) 剑阁,Jiange					
消失						消失						12	11	08	105.27	31.89	304
⑫ 10月4日 (D20072) 西充,Xichong						⑯ 10月17~18日 (D20076) 资中,Zizhong						消失					
10	4	08	105.97	31.06	313	10	17	20	104.93	29.81	313	㉑ 12月13日 (D20081) 梓潼,Zitong					
消失							18	08	105.97	30.49	314	12	13	08	105.08	31.71	303
⑬ 10月5~7日 (D20073) 南部,Nanbu						消失						消失					
						⑰ 10月26~27日 (D20077) 蓬溪,Pengxi						㉒ 12月15日 (D20082) 荣昌,Rongchang					
10	5	20	105.92	31.21	312												
	6	08	106.41	32.11	312	10	26	20	105.82	30.60	313	12	15	20	105.37	29.47	308
		20	111.46	32.06	312		27	08	105.49	31.86	311	消失					
	7	08	114.28	33.54	314			20	105.71	31.72	312						
消失						消失											

2020年西南低涡中心位置资料表（续-8）

月	日	时	中心位置 东经/(°)	中心位置 北纬/(°)	位势高度/位势什米	月	日	时	中心位置 东经/(°)	中心位置 北纬/(°)	位势高度/位势什米	月	日	时	中心位置 东经/(°)	中心位置 北纬/(°)	位势高度/位势什米
⑧③ 12月16日 （D20083）汉源，Hanyuan						⑧⑤ 12月22～23日 （D20085）泸定，Luding						⑧⑦ 12月26日 （D20087）射洪，Shehong					
12	16	08	102.57	29.40	307	12	22	20	102.27	29.62	303	12	26	08	105.43	30.73	304
消失							23	08	102.91	29.34	306	消失					
⑧④ 12月18日 （D20084）顺庆，Shunqing						消失						⑧⑧ 12月28～29日 （D20088）剑阁，Jiange					
12	18	08	106.14	31.10	307	⑧⑥ 12月24日 （D20086）石棉，Shimian						12	28	08	105.57	31.83	301
						12	24	08	102.27	29.29	305			20	105.40	30.64	301
消失						消失							29	08	105.90	30.46	305
												消失					